物理学の世紀

佐藤文隆

講談社学術文庫

はじめに

物理学の退場？

しばらく前、アメリカ物理学会の会誌を見ていたら、ふとキップ・ソーンらしい写真が目に留まった。ソーンにしては珍しくパリッとした背広姿で、二人の紳士と一緒に写っている。何の記事かと読んでみると、「キャルテック（カリフォルニア工科大学）では創立以来、学長を物理系分野の人物が占めてきたが、今回初めて生物学者が学長になった」という記事である。ソーンは学長選考委員会の委員長を務め、一緒に写っている人物の一人が学長になるノーベル賞受賞の生物学者であった。

ソーンは筆者と同世代の同業者で、最近は宇宙からの重力波観測施設であるＬＩＧＯ建設の中心人物として活躍している。ブラックホール研究の興隆期で沸いていた一九七三年に初めて会ったときには、当時のカリフォルニアのヒッピー文化に染まっていて、長髪に革ジャンパー姿の若手教授であった。一緒にいた彼らの教師であるプリンストン大学のジョン・ホイラーの紳士姿との際立った対比が、今でも目に浮かぶ。「未来と過去をつなぐ時空構造の作り方」という〝楽しい〟アイデアで、今からしばらく前、話題を提供した男でもある。

そんな彼が大学内ではこんな役目もする〝大物〟になったのだなと、時の流れを感じると同時に、「ええ、またか!」という思いを禁じ得なかった。「またか!」というのは、科学の広い分野が絡む大学や学術機関、組織などでの物理学の存在感が減っていくニュースが相次いでいたからである。一九九七年、クリントン米大統領がある大学の卒業式で、「過去五十年は物理学の時代であったが、これからの五十年は生物学の時代である」と演説してアメリカの物理学界に波紋を広げた。キャルテックのこの一件もそれと符合する。

アメリカで「物理学の退場」などという縁起でもない論調がマスコミに登場したのは米ソ冷戦の終結前後の一九九〇年頃からで、それに続く一九九三年、SSC(Superconducting Super Collider)という素粒子加速器の建設中止がその潮流を納得させる事件となった。翌年春にシカゴ大学を訪問したことがあったが、ビッグバン宇宙論の立役者で、研究にも、大学・研究行政にも、マスコミの売れっ子としても超精力的に活動していたデービッド・シュラムが、盛んに「バイオの連中が、最近、大学内で鼻息が荒くてやりにくい」とこぼしていた。エンリコ・フェルミ(イタリア→アメリカ)が育てあげた核物理の牙城であったシカゴでさえ、このありさまである。研究担当の副学長や、ワシントンでのロビー活動をエネルギッシュにこなす彼を見ていると、パワフルであった往年の「アメリカ物理」の面影を見る思いがしていた。一九九七年末、その彼が自家用飛行機を操縦中に事故で亡くなったのは痛ましいことだった。

物理帝国主義

二十世紀における物理学の赫々《かくかく》たる成果を描こうとする本の冒頭に、物理学にとって景気の悪そうな話題を持ってきたのに当惑する人があるかもしれない。しかし、物理学が二十世紀の社会全体に及ぼした絶大な影響を理解するには、世紀の変わり目におけるこの現状を確認しておいたほうがいい。新たな展望を得るには、いかなる二十世紀の歴史を背負って、かようなことになったかを知ることが重要である。起承転結のある人間活動として科学も捉えないと、科学の知を人間が主体的に使う立場には立てないのである。

「退場」というのは、もちろんかつて「主役を張っていた」からであり、「既得権益の減少」もかつては巨大な「権益」を持っていた証拠なのである。確かに、物理学を科学と技術の世界の、ひいては知の世界の王者であると自他ともに認めていた時代があったのである。「王者」というのは、一義的にはまず知的な影響力である。他の多くのサイエンスも物理学を手本に自らの学問を革新した。また、物理学の長足の進歩は知の普遍性とその根拠を哲学的に問う営みさえも喚起した。「王者」の第二の側面は、社会的な力強さであった。物理学は測定手段をはじめとするさまざまな新しいテクノロジーの実現を可能にした。これは経験の蓄積に依存していた技術の世界を革新し、産業・経済を変え、その産物である製品の普及は人々の生活を変えた。フランシス・ベーコンの言う「知は力である」の震源地が、二十世紀の物理学であった。「王者」の第三の側面は、科学者という専門家が表に出て世界を変え、その過程で科学者自身の社会的機能が変えられていったことである。二十世紀の物理学者はこの役割を社会の中で演じ、二十一世紀での科学と社会の付き合い方に多くの教訓を提供した。

筆者が大学に入った一九五〇年代後半には、科学諸分野の中で物理学の地位は絶頂を極めているように見えた。「物理帝国主義」という言葉が誇らかに語られていたし、この言葉が違和感なく伝搬する学問の世界があった。そしてこの頃から、急拡大する科学と技術の世界で「主役を張り」、その結果いつの間にか巨大な「権益」を溜め込んだのである。他方、近年、物理帝国を震撼させているという「バイオ」「情報」「環境」の科学は物質世界を相手にしてきた物理の流れとは別のものであるが、その研究手段や社会的に大きな存在となることを可能にした技術は原子の物理学であった。それなしには、これらの知識の発展もその社会的影響も持ち得なかったであろう。

原子世界の発見

例えば、人類や地球の崩壊のような文明絶滅の危機が迫り、文明の核心をノアの方舟《はこぶね》のようにして残そうという緊急事態に直面したとする。多くは積めないから、人類の知識を電子媒体にでも入れて残そうという提案が出されるかもしれない。デジタル化すれば膨大な内容を小さな容積に押し込めることができるから、なかなかの名案のようである。しかし、落ち着いてからこれを読めるコンピューターを動かせるかと考えると、単なる〝迷案〟であることに気付く。

アメリカの物理学者リチャード・ファインマンは、こうした緊急事態で言い残すべきことは何かと問われれば、「物質は原子からできている」というメッセージだけで十分だと言っている。このメッセージがあれば、我々が発見したさまざまな科学の知識はパンドラの箱のように再生できて、早晩、現代社会が実現した文明も再現できるというわけである。確かに、二十世紀の科学と技術のセントラルドグマは原子である。

十九世紀末から二十世紀の初頭にかけて、すなわち一八九五年から一九二五年頃にかけて、物理学は原子と量子力学を獲得した。この知識を基礎に物理学はその後三つの方向に帝国の版図を拡げた。特に、規模が拡大した一九五〇年代以後、その傾向が強まった。よく言えば多様化、悪く言えば分業化が起こった。この繁栄とともに、物理学が広い教養としての知識の世界から退場していったのは寂しい限りである。

繁栄は三つの方面に展開した。一つは眼前のマクロの物質世界をその背後にある原子の仕《し》業《わざ》と見なして解明し、その仕組みを制御することでマイクロチップやCTスキャンなどを可能にした。二つには、原子世界の制御で発明された機器を用いて、原子よりさらにミクロな原子核や素粒子の世界、天体宇宙の世界を解明した。三つには、コンピューターの進歩も一因となって、世紀の初めから提出されていた複雑な振る舞いをするシステムのダイナミクスを解明する数理的手法を発展させた。第三の方向は必ずしも原子の世界を必要とはしていないが、現象をこの課題として明快に整理できるのは、原子世界まで含めた物理学ができたことによる。

二つの物理

これまで述べてきたような二十世紀における物理学の規模拡大、諸科学・技術への浸透のために、百年間の各時代で、「物理学」という言葉が指していた内容は大きく変化してきた。例えば、高校での理科は物理、化学、生物、地学となっている。しかし、物理の科目はけっして大学の理学部物理学科へ行く生徒だけが履修すればよいようなものではない。数からいえば圧倒的に工学部の機械、電気、材料、土木、建築などへ進学する生徒が履修するものである。さらに、理学部の中でも天文、地震、気象、海洋、鉱物といった分野でも物理は欠かせない。生物物理、化学物理、医療物理、金融物理などという分野もある。その意味では、電気も地震も物理学であった。

寺田《てらだ》寅彦《とらひこ》は現在では地球物理学者として記憶されているが、寺田には『物理学序説』の未完原稿がある。東京大学で地球物理学が物理学から分かれていったのは、関東大震災（一九二三年）がきっかけである。その一方で、理学部物理学科や日本物理学会が現在カバーしているような研究が物理学だという認識も世間にはある。そして、そこでしかやっていないような「ニュートリノの質量発見」や超弦理論などが、現在の物理学のイメージを形成している。本来は広義の物理であるべき高校「物理」の教科書編者も、たいていはこういう物理学者であった。しかし、筆者が大学受験に挑んだ当時の「物理」の受験参考書の著者は、雑誌『ニュートン』の創刊で有名な地球物理学者の竹内均《たけうちひとし》であった。

こうした広義と狭義の二つの物理学を単純に「古い物理と新しい物理」「理学と工学」「基礎と応用」「フロンティアと後衛」といった分類で片付けることはできない。高温超伝導や量子コンピューターといった、ハイテクか純粋物理の研究か明白に分類できないような課題も数多くある。また、物理が大きな寄与をした地球、生命、材料といった独立している領域に物理の新たな芽があるのかもしれない。百年単位で物理のことを考える際には、物理学のこうした変容に注意する必要がある。

大事なことは、物理学の体系は対象を超えた普遍的な法則の発見に突き動かされていることである。そのためには、ある特殊な現象をターゲットにした徹底的な解明が必要であるが、主要な関心は新しい汎用性のある概念や法則とその現われ方、すなわち一般理論にあると言ってよい。〝もの〟自体というよりは〝ものの見方〟を追究しているのである。二十世紀の物理学が原子の世界の言葉として発見した量子力学、また電磁気学に隠されていた時間空間論としての相対論、これらはまさにそのような一般理論である。原子の世界を超えて素粒子などのさらに新しい対象に挑戦しているのも、そういう新しい一般理論の探究のためであり、そこに「万象の法則」が隠されているからではない。

物質から時空へ

一九二〇年代のアメリカ経済の繁栄は大型望遠鏡の建設を可能にしたが、これが純粋研究大型化のはしりとなった。続いて、大戦後の米ソ冷戦は高エネルギー物理や宇宙科学などの純粋研究の大型化を可能にした。しかし、アメリカ議会は一九九三年にSSCと呼ばれる素粒子実験用加速器の建設を中止させた。この〝事件〟は、物理学とは何であったかを問う重要なきっかけになった。

素粒子物理や宇宙物理を人間世界に展開して利用したり、その理論が人間世界を理解するのに役立つことはないであろう。しかし、これは単に経費の問題ではなく、人間世界との関わり方の問題である。一九七〇年代後半に完成した素粒子の標準理論のすばらしい真髄を理解できる専門家は、一握りの数である。そして、それが電磁気学や量子力学のように、広い分野の科学者や技術者が学ぶ教科に今後なっていくとは思えない。もちろん、研究は自由であるし、それに熱中する人間は必ずいる。「面白さを社会が理解する必要がある」と主張する同僚が多いが、「そんなに面白いものなら何もわざわざ税金を使わなくてもいい。警察や国防、河川の管理やごみ処理、医療や福祉などなど、放置しておいては誰もやらないような仕事にこそ税金は使うべきだ」という主張を誘発するだけである。一部の人にとっては、素粒子の研究など禁止されても隠れてやるほどに魅力的なものであることは自明である。しかし、音楽や文芸を見れば明らかなように、「面白さ」や「魅力」が税金を引き出す根拠にはならない。問題はそういう営みを税金で賄う公共財として社会が認知すべきかどうかである。公共性を主張すれば、ある種の社会性を持つ使命に言及しなければならない。

巨費を要する純粋研究も科学技術の先端を切り開くので、少なくとも公共財の条件は総体としてクリアするだろう。ただ、とかく批判がある「大型土木工事」もこれをクリアしている。いずれにせよ、そうした副産物ではなく、そこで見出される高度な知識そのものがどうであるのかに正面切って答えねばならない。筆者は、人間の生き方に関われるのは、所詮は広い教養としての〝ものの見方〟からのリターンであろうと考える。このことを目指して、素粒子や膨張宇宙を超えて、さらに新しい世界に挑戦しているのである。このため、しばしば途中では少数の専門家だけで迷宮をさ迷うことは仕方ないであろう。だから、サイズはともかく、そういう営みを公共財として許容する社会システムが必要であると考える。

それでは、そういう〝ものの見方〟として二十一世紀に期待していいものは何かと問われれば、筆者は「時間と空間の考え方に目から鱗《うろこ》が落ちるような話が出てきますよ」と言いたい。近代化した社会で、人々があまりにも物理学に支配されているのは時間と空間に関する観念である。原子からクォーク、レプトンまでつきとめたのが二十世紀の物質の理論であったとすれば、二十一世紀には古典的な相対論と物質の量子論を統一する、時間と空間の目の覚めるような〝ものの見方〟が完成すると想像する。

「切り売り」

イギリスを旅するとよくローマ時代の遺跡というのに出会う。ローマからはるばるスコットランドとの境界にまでやってきたローマ帝国の壮挙に驚くと同時に、「どうせ、そんな巨大な帝国の領土を政治的に支配できるはずがないのに」とわらってしまう。ローマ市内の崩れた遺跡にも拡大する帝国の地図を並べたものがあり、愚かさをさらしているように見える。しかし、ローマ帝国の支配はその帝国の版図を超えて、文化や社会制度のかたちで確実に後の歴史に浸透している。「ローマ」の影響を排除して、イギリスになったわけではない。歴史は重層化していくのである。二十世紀の物理学の進展と二十一世紀の科学の展望を考える際に必要になる重要な視点である。

〝ものの見方〟としての物理学は軽快でハンディでなければならない。「何もかもこれが支配している」という法則観は強制を感じさせ、前向きな意欲をそぐものである。物理の目標である「普遍性」は「全支配」の意味ではなく、「切り売り」可能性にあるのではないかと考える。物理帝国の真価は版図の大きさではなく、故事来歴から自由な「切り売り」可能性の広さで測られるようになるのかもしれない。

目次

物理学の世紀

物理学の世紀

第一章　物理学の世紀――百年のうねり

「思い入れ」の解毒

『物理学の世紀』と題した本書の目的は文字通りに、過去百年にわたる物理学を通覧し、将来に思いを馳せることである。したがって、二十一世紀を生きる若い人達やこれまで物理学のファンではなかった人達を想定して、科学の現状と未来を人類の歴史の中で考えるうえで参考になる資料を提供しようと思う。

しかし、この作業を始めて気付いたことがある。物理学の世界で四十年近くも過ごしてきた筆者が、その特殊な経歴からくる視点を離れて、物理学一般の歴史を記述することには困難がある。この兆候は前の〝はじめに〟の文章にも窺えよう。なにしろ自分の人生の大半が関わっていたのであるから、何を書いてもどこかねちっこく、思い入れたっぷりの文章になってしまう。しかし、これでは、まだなんの思い入れもなく新鮮な気持ちで物理学に接しようとする読者は面食らうだろうし、一般書として落第である。

今回はあまり「ここでは筆者の独自の視点で書いておく」とあっさり逃げないでいこうと思った。そこで筆者の身に染み付いた視点を離れて、物理学の流れを全体的に調和のとれたかたちで書いた概観がないものかと探してみた。そういう文章があれば、筆者の「思い入れ」を解毒して、筆者が書くことの座標軸にもなると考えたからである。

「アメリカ物理学会百年」

そうしているうちに、一九九九年三月、たまたまアメリカ物理学会百年記念の学会に出席する機会があった。一～二年のズレがあるにせよ、この学会の歴史は二十世紀の物理学そのものである。また、少なくとも二十世紀後半、世界の物理学をリードしてきたのはアメリカである。アトランタ市の会場には一万三千人以上もの物理学者が集まる大きな学会となり、また百年記念の行事もたくさん行われた。

その記念事業の一つとして、『A Century of Physics』という十一枚一セットの大きなポスター（壁チャート）を制作して、全米の高等学校などに教育展示用に配布した。ポスターはカラフルな写真や絵のコンビネーションの上に説明の文章が入ったものである。十一枚はほぼ時間的に物理学の歴史を追っているが、各ポスターにはテーマがあって単なる年表ではない。ここでの再現は難しいが、画像と文章が一体となって内容をかもしだすものだ。これは前述の目的で筆者が探していた概観に非常に近いものである。学会という組織が作ったものだから、多くの物理学者に共通した見方を集約している。

そして、このポスターセット作りのもとになった資料が、アメリカ物理学会会員向けの

『APS News』というタブロイド判の月刊広報誌に過去一年間連載されていた文章であることを知った。これは科学史も専門とするウィリアムズバーグ大学のハンス・クリスチャン・フォン・ベイヤー（Hans Christian von Baeyer）という人の署名入りの文章である。そこで、本章ではこの文章の翻訳を載せて、百年の概観の座標軸にさせてもらうことにした。許可を与えてくれたフォン・ベイヤー氏に感謝する。この「壁チャート」をもとにした物理学の百年史がアメリカ物理学会のホームページに掲載されている。

この文章は各時期のチャートごとに一枚ずつ独立しており、そこでのテーマから外れた重要なことは記述から抜け落ちている。また、各文章は手短で口語体なので、相当意訳をしないと伝わらない。そのあたりの解釈は筆者の責任である。いずれにせよ、これを示した後に、筆者が比較的自由に百年の歴史を記述することにした。

この文章は十九世紀末から始まってだいたい十年刻みで時間を区切り、各時期でテーマを設定している。読者には、本書の趣旨から言って、この十一コマ全体を一気に読んで欲しい。聞いたことのない用語や意味を理解していない用語がいっぱい出てくるであろう。しかし、本書では二十世紀にあった物理の中身をわからせようなどという大それた試みはしない。物理学という営みの百年のうねりを感じとっていただくのが目的である。だから、いろいろな用語が出てきても、かまわず読み進んでいって欲しい。筆者の考えで、時期は第一期（〜一九三四年）、第二期（一九三五〜一九七四年）、第三期（一九七五年〜）の三つに大きく括り、タイトルを付けてある。各時期のタイトルはもとのものである。そして、この文章の後に、筆者の「思い入れ」で汚染された「物理学の世紀」を、第一期、第二期、第三期について各々第二章、第三章、第四章に記述した。なお、文中では「一九XY年」は「XY年」のように記してある。

1　第一期──X線から量子力学まで

プロローグ　ある時代の始まり

ギリシャの哲学者から始まる二千年近い格闘の後、十九世紀末において、物理学者にはこれから自然を理解していく出発点にようやく立ったと信じる根拠があった。物質とエネルギー、電気と磁気、熱、音響、光、これらに関する彼らの理論は、世界中の実験室でますます高い精度で確証されていた。実験という方法、数学という言語は、古典物理という強力で調和のとれた知識を形作っていた。

世紀の転換を挟んだしばらくの間、ヨーロッパは戦争と革命のない平穏さを満喫していた。大西洋横断通信ケーブルのような科学、技術、工業の巨大な進歩は平和と繁栄の未来を約束しているように思えた。しかし、平穏の背後では、政治にも科学にも、間もなく訪れる混乱が静かに集結しつつあり、一方で古典物理学の強固な基礎にさえ、危険な亀裂が走りつ

レントゲン（1845–1923）

つあった。

実験が理論と一致しないというかたちでこの不一致は表面化した。エーテルが検出されず、それが最も動揺させられることだった。古典物理では、音波が空気中を伝播《でんぱ》するように、光が伝播するエーテルという目に見えない普遍的な媒質が宇宙を埋め尽くしている必要があった。一八八七年七月、クリーブランドの地下の実験室で、この仮想的な流体を検出するための巧妙な実験が計画された。しかし、エーテル仮説と明確に矛盾したとき、物理学者達は狼狽した。振動するものなしで、どうして振動が伝わるのか？

他のパズルは偶然かつ突然に現われた。一八九五年十一月八日、ドイツの物理学者ヴィルヘルム・コンラット・レントゲンは、黒い紙や生きている肉体でさえ透過する能力を持つ不思議な光線を作ったことに戸惑っていた。Xは代数では未知変数を表すから、彼はそれをX線と呼んだ。この年の十二月までには、彼の妻の手の透過写真を撮るのに使ったし、それから一年も経たないうちに、その実用的な価値が認識された。X線を使うことが瞬く間に全世界に広まった事実は、来たるべき新世紀で、科学者、技術者、発明家が基礎的な発見を技術的な応用に持っていく様子を予言するものだった。しかし、未だ誰もX線がどうして発生するのかは知らなかった。

そして、ついに放射能の偶然の発見が物理学での新しい時代の幕開けを告げた。一八九八年に、ポーランド生まれのマリー・キュリーが発見したポロニウムという元素は、放射線を出すことで、自然に鉛に変化していくのである。この発見は、元素は不変で破壊できないというギリシャ以来受け継がれてきた信念を危ういものにした。何が原子を崩壊させるのか？原子は何からできているのか？それらの内部ではどんな力が働いているのか？このような疑問は物理にとって新しいものであったし、二十世紀を通じて、その最前線ではいつも問題であり続けた。そして、それへの答えは一九〇〇年には誰も想像できなかったようなかたちでその後の我々の生活に影響を与えたのである。

キュリー（1867-1934）

一九〇〇～一九一五　新しい物理学の基礎

二十世紀は、飛行機、自動車の大量生産、大西洋間ラジオ通信など、発明の怒濤の中で明けた。これらの技術革新は確かに世界を変えたが、しかし同時期に起こった物理学をなめ尽くすある変化は、はるかにラディカルなものであった。それは単にライフスタイルを変えただけでなく、新しい

アインシュタイン（1879–1955）

考え方をもたらすものであった。

古典物理から興《おこ》ってきた現代物理学は三つの柱の上に立っている。原子やその核を支配する量子力学、空間と時間の関係を扱う特殊相対論、それに重力を説明する一般相対論、これら三つである。このうち後の二つはまったくアルベルト・アインシュタイン一人によって作られたものであり、最初のものにも彼はその初期に重要な役割を果たした。

アインシュタインの奇跡の年は、彼が二十六歳になった〇五年にやってきた。そのとき、彼はスイスのベルンで特許審査官として働いていた。彼はこの年の三月、古典物理では波動現象として扱われる光が、離散的なエネルギーの粒から成ると考える提案をした論文をドイツの雑誌に投稿した。この光の粒を彼は量子と呼んだ。この光についての波動と粒子の二重性は量子力学の礎石《そせき》となった。続いて五月には、目に見えない無数の原子が突き合うことによって生じる、水面上の花粉の無秩序な運動を説明する論文を投稿した。この理論が実験室で実証されたとき、懐疑心旺盛な物理学者達でさえ、それまでは仮説に過ぎなかった原子を現実の具体的な存在として受け入れざるを得なくなった。

同じ年の六月には、アインシュタインはさらに特殊相対論に関する歴史的な論文を投稿した。これは古典物理がその上に立っている不動の仮想的な足場である空間と時間を葬り去った。彼は前文において、厄介なエーテル仮説はまったく余計なものであると宣言した。九月には、彼は省察として$E=mc^2$という公式を追加したが、これに基づいて後に放射能によって放出される膨大な未知のエネルギーが説明された。この怒濤の六ヵ月の間に、アインシュタインは物理の基礎を切り刻み、それらに代わる新しいものの建設にかかったのであった。

光の量子論の成功は、放射能と電子と原子核の発見から学んだ教訓と一緒になって、デンマークのニールス・ボーアをして、太陽系のミニチュア版としての水素原子のモデルへと導いていった。これは水素ガスから放射される光の色を説明し、また原子の奥のほうで起こる電子の入れ替えによってX線が発生することを説明した。

このボーアの原子モデルは根本的に欠陥だらけであったし（例えば、水素原子の形はボールのようであって、けっしてディスクのようではなかった）、六年以内にその提案者によって捨て去られるものであったけれども、現在までも原子のポピュラーな表現法として生き延びている。

では、科学的な目的のためには、それは何に変わったのであろう？　誰が原子の内部への鍵を見つけたのであろう？

一九一五〜一九二四　物理の領域拡大

一四年から一八年までの四年間、第一次大戦は全世界を巻き込み、科学の実行にも影を投げかけた。戦争が終わって、科学者が研究に戻れたとき、彼らは大戦前に完成した新しい概念上のツールを物理のフロンティアとして外部と内部に広げることをただちに始めた。宇宙の領域では、一般相対論が理論的な枠を提供し、カリフォルニアの澄み切った空気の下に建設された巨大望遠鏡が、宇宙の構造と歴史の科学としての物理的宇宙論の出現に向けて観測を始めた。

ド・ブローイ（1892–1987）

初期における重要なステップは、一般相対論の実証であった。一九年、アインシュタインによって予言された星の光が太陽の引力によって曲がる現象が観測されたとき、彼はただちにマスメディアの賛嘆を受けて国際的なスターになった。多くの人間には理解できなかったけれども、空間の曲率といったものは宇宙の構造に関する深遠な洞察であるように見えた。そして、そのことが広範な人々の想像力を捉えたのであった。それ以来、一般相対論は多くの観測で実証されたし、重力の正しい理論としてとどまっている。しかし、宇宙論自体の研究はその後数十年の間に驚くべき転換を遂げることになる。

一方、原子の領域では、まだ混乱が支配していた。世界中の物理学者の英雄的な努力にもかかわらず、ボーアの理論が原子から放出される光とX線の性質を説明する唯一のものであった。量子論には、失敗か、さもなくば革命が立ちはだかっているように見えた。根本的な手がかりは演繹《えんえき》よりは単なる推測によって見出された。二三年、フランスの物理学者ルイ・ド・ブローイは三十一歳になってやっと博士論文を書いていた。その中で、光が波動的でもあり粒子的でもあるというアインシュタインの解釈に深く影響され、彼はこの波動と粒子の二重性が物質の粒子にも成り立つのではないかと考えた。特に、彼は電子が波動的性質を持つと提案した。そして、粒子の運動量（質量×速度）の逆数がその波長を与えるという公式を提出した。彼の大部分の同僚達はこのワイルドで根拠のない主張を無視した。しかし、物理について信頼のできる直観力を持つアインシュタインは、当時、次のように書いている。

「これは物理のこの最悪の不可解さを照らす最初のか弱い光であると私は信じる」

結局、アインシュタインは正しかったことになる。ド・ブローイは物質の秘密をやっと発見したのだった。しかし、ド・ブローイ自身が博士論文の中で言っているように、実験的な検証がなかったなら、彼の理論は不必要なたわ言にとどまっていたであろう。

一九二五〜一九三四　原子の言葉

活気に満ちた二〇年代は繁栄と自動車の高速化、ジャズとポピュラーミュージック、ラジオと禁酒法の渦巻く騒々しい時代だった。それらが、大恐慌をもたらす二九年の株式の大暴

ハイゼンベルク（1901–76）

落で終わるまで、二〇年代はテレビジョンやジェットエンジンの発明や、二七年のチャールズ・リンドバーグの大西洋単独飛行などというような人間的、技術的達成をやってのけた。この大衆の歓声はその領域を超え、浮き浮きした雰囲気が、物理の歴史の中で最大の達成と言われる量子力学の展開をもまた引き出したのかもしれない。

アインシュタインとボーアに創始されたつぎはぎだらけの量子論に付きまとう首尾一貫のなさに欲求不満を感じて、二十三歳のドイツの物理学者ヴェルナー・ハイゼンベルクは何もないところから第一歩に着手した。二五年の夏に、彼は原子の中での電子の位置とか速度とかいった測り得ない量に関しては何も考慮することなしに、原子は記述されるべきだと考える決心をした。そのかわり、彼は原子が放出する光の振動数といった測定可能な量を、言ってみれば数字の表のようなものに配置させた。数学ではマトリックス（行列）と呼ばれるこの数表を操作することによって、彼は内部矛盾なしに、前期量子論での成果を再現できることを示した。

新理論誕生物語の頂点は、二六年の三月に、オーストリアのエルヴィン・シュレーディンガーが一見違って見えるハイゼンベルクと彼の理論が数学的に同等であることを示したときに訪れた。こうして、どちらのスタイルにせよ、量子力学は原子の正しい記述においてはニュートン力学に取って代わった。これは波動と粒子の二重性を含み、また物質の構成要素を扱う際には決定論に代えて確率論へ変わっていった。これは特殊相対論と一般相対論よりもさらにラディカルな方法で古典物理を破壊した。しかし、二十世紀の七十五年間にわたって、この理論は全ての実験的テストをクリアしている。

2　第二期——原爆からクォークまで

一九三五〜一九四五　第二次大戦時の物理学

三〇年代を通じて、アメリカは大恐慌と戦い、そしてアドルフ・ヒットラーのナチスがドイツで絶対権力に昇りつつあったが、物理学者は国境を越えて静かに協力を保っていた。量子力学は固体やさまざまな分子・原子の研究において信頼できる枠組みであることが証明された。原子核のサイズは原子より十万分の一小さく、サイズの逆数が運動量に比例するから、関係するエネルギーはそれだけ大きいが、量子力学は完璧に働くことが証明された。物理学の未来は希望に溢れているように見えた。しかし、三〇年代の最後の年にはヨーロッパで第二次大戦が勃発し、物理学のコミュニティーも巻き込んで、その波は全世界に及んでいった。物理学者と技術者はレーダーを開発してイギリスがドイツとの空中戦に勝利するのを助け、またドイツの同僚達はV－2ロケットを設計してロンドンに脅威を与えた。ただし、さらに大きな歴史的意味を持っていたのは、原子爆弾の製造であった。

ヨーロッパで原子核分裂が発見された直後、もしそのエネルギーを爆弾の威力に持っていく方法が見つかれば、戦争の成り行きを変えられることが明白になった。アメリカにおいて（多くはヨーロッパ出身であるが）、物理学者達はヒットラーがそうした武器を手にするかもしれないと心配した。そして、彼らは平和主義者と見なされていたアインシュタインをしてフランクリン・D・ルーズベルト大統領にそのことを訴えさせた。三九年八月二日付けの緊急レターで、彼は「物凄く強力な新型の爆弾がこうして製造可能になるかもしれない」と書いて危機を説明した。このアインシュタインの手紙はすぐには効果を発揮しなかったが、結局、合衆国を原子爆弾の製造という歴史的行動に導くことを手助けした。

オッペンハイマー（1904-67）

このプロジェクトを指揮する人間として選ばれたのが、理論物理学者ロバート・オッペンハイマーであった。工学的経験も実験物理の経験もなかったにもかかわらず、彼は極めて有能なリーダーであることを示した。ニューメキシコの辺境の台地の上にあって彼のチームは、秘密の実験室にいる他の小グループを一緒にすれば、国家最良の物理学者の大半を含んでいた。卓越した知性の力によって、オッペンハイマーはこの気難しい連中を団結させ、爆弾を設計して製造するという共通の努力に向かわせたのである。そして、四五年七月にそのテストを成功裏に達成した。それまでにドイツはすでに降伏していたが、その同盟国であった日本はまだ戦争をしていた。

四五年八月、二つの原子爆弾が日本の二つの都市、ヒロシマとナガサキに投下され、第二次大戦の早急な終結に寄与した。しかし、この遺産は長い間消えることはなかった。二十世紀のうち半世紀もの長きにわたって、アメリカとソ連の間の冷戦による核の対峙は、世界をその支配のもとに置いたからである。

一九四五〜一九五四　戦後ブーム

アメリカでは、第二次大戦の勝利による終結が楽観主義と自信の性急な〝ノリ〟を掻き立て、それらはまた大恐慌の終わりでもってテこ入れされた。代わって、繁栄の再生は世界中の打ちひしがれた国家の再建に余裕をもって寄与することを可能にした。冷戦の発生や五〇年の朝鮮戦争の勃発も、この意欲を衰えさすことはなかった。若い物理学者が大学や企業の実験室に帰り、物理学もまた満開に花開いた。彼らは戦時中の仕事の中で得た新しいアイデアに満ち溢れ、それを彼らのキャリアの中で熱心に実現していった。閉鎖されるどころか、軍事研究所は軍事と民生の研究のためのパーマネントな国立研究所へと発展した。これは連邦政府が基礎科学を制度的に援助することに乗り出した最初の出来事であった。

ファインマン（1918–88）

ニューメキシコの「オッペンハイマーの台地」から降りてきた理論家の一人が、ニューヨーク出身で学位を三年前に取ったばかりの、ファインマンであった。才気に溢れ、ぶしつけで、野心に満ちた彼は、権威を信ぜず、彼自身の方法でものごとを描き出すことに固執した。彼の強みは視覚的な想像力であった。例えば、彼は複雑な数式を簡単なダイアグラムで表現するエレガントな規則に発展させた。これにより、彼は物理的な直観を素早く、正確な答えへと導く数学的計算を可能にした。

ファインマンはこの伝統的でない手法を、光の量子力学という、当時の理論物理学の主要な問題に適用していった。光子はすでに半世紀近い歴史があったが、それがいかに電子で吸収放出されるかの詳細な記述は欠けていた。戦争の間中、西側と接触がなかったにもかかわらず、似た道を歩んでいた日本の物理学者達とアメリカの物理学者達が一緒になって、QED（量子電磁力学 quantum electrodynamics）を創造して、この問題に解決を与えた。QEDはかつて例を見ないような正確さで実証され、その後の素粒子の基礎理論が備えるべきエクセレンスの基準を与えることになった。

原子の外殻にいる電子と光に関する記述であるQEDとは対照的に、原子核の理論的記述はまだ初歩的な段階にとどまっていた。加速器によって作られるいわゆる素粒子のリストは百以上にも増加し、理論のほうもまた繁茂したけれども、どれも数学的に満足のいくものではなかった。ハイゼンベルクのような長老にも、ファインマンのような若い天才達にも、どちらに舵《かじ》を切るべきかわからなかった。QEDのこれ見よがしの大成功は、彼らのフラストレーションをつのらせるばかりであった。

一九五五〜一九六五　関連

世紀の中頃まで物理学はさまざまな応用によって拡散しはじめていた。以前からそうであったように、物理学の展望は、縦方向には、想像できないくらいの小さい原子核の内部から理解を絶するような広大な宇宙に広がっていた。しかし同時に、物理学は他の諸科学と、そしてしばしば新しい道具の発明によって、技術に対して強力な水平方向のインパクトを与えた。

生物学には、物理学の手法は驚異的な結果をもたらした。DNAの二重らせんの発見は、結晶化したDNAのX線イメージによってなされたものだった。これが遺伝学の革命に火を点《つ》けた。こうして、遺伝のメカニズムは明白に物質の言葉で理解され、ついにはそれを操作

ヤーロー（1921–2011）

するまでになった。アメリカの核科学者であるロザリン・サスマン・ヤーローが、ニコチンからウイルスにいたる膨大な種類の人体内の微量物質を測定する方法を発明したが、これは医療の分野で重要な技術となった。この手法に与えられたラジオイムノアッセイ（ＲＩＡ radioimmunoassay）という舌をもつれさすような名前にもかかわらず、彼女の方法は実に単純な原理に基づいている。今、容器の中に赤目の果物バエを六匹数えたとする。そして、さらに赤目の割合が千匹に一匹であることを知っていたとすると、いちいち数えることなく、容器の中には六千匹のハエがいると結論できる。ラジオイムノアッセイでは、測定対象がハエではなく分子であり、目印は目の色でなく放射線による目印《タグ》である。

他方、化学は核磁気共鳴という貴重な診断手法を獲得した。レーダーの研究により、マイクロ波が吸収される過程を使って原子核を同定する道具を導いたのである。普通は原子の外殻にある電子の雲が化学者の〝棲みか〟であるのだが、原子核を急襲することで新しい可能性を開いた。核磁気共鳴はその後、核への恐怖心を取り除くため「核」という言葉をわざと避けて名付けられた、磁気共鳴イメージング（ＭＲＩ magnetic resonance imaging）へと発展していく。また、地学も二十世紀の物理学に基づく道具を採用した。六二年に発見されたある特殊な量子効果を用いたＳＱＵＩＤ（超伝導量子干渉デバイス superconducting quantum interference device）は、鉱物堆積のために発生する、他の方法では感応不可能なわずかな磁気変化を検出できるものである。

これらを含めた無数の方法によって、物理学はその姉妹関係にある諸科学を刺激した。しかしながら、五〇年代で最も影響の大きかった達成点はレーザーの発明とＩＣ（集積回路）に基づいたコンピューターの発達だった。量子力学の直接的応用であるこれら二つのデバイスは、諸科学を変革し、新技術に関与する全ての産業を呑み込んでいった。

一九六五～一九七五　サークルが閉じる

ペンジアス〔右〕(1933–2024)
ウィルソン〔左〕(1936–　)

ベトナム戦争がアメリカ社会を引き裂き、ビートルズが世界を征服し、宇宙飛行士が初めて月面に降り立ったりする中で、アメリカの東西両岸でなされた一見無関係な二つの発見が、物理学の歴史における新しいページを開いた。ニュージャージーのベル電話研究所において、アーノ・ペンジアスとロバート・ウィルソンは高性能の受信機にシューシューと絶え間なくかかるノイズに悩まされていた。どうやっても止めることのできないこの雑音を追って、彼らはその驚くべき源にたどり着いたのであった。それはビッグバン以来だんだん冷却して三ケルビン（摂氏約マイナス二百七十度）にいたったマイクロ波の背景放射だったのである。この驚くべき発見は一般相対論という強固な理論的骨組みと一緒になって、宇宙論の研究を再び活気づかせた。

その四年後、ジェローム・フリードマン、ヘンリー・ケンドール、リチャード・テイラーは、カリフォルニアにあるスタンフォード線形加速器を用いて、クォークが実在することの最初の実験的証拠を見出した。クォークはそれより十年近く前、理論的に提案されていた。現在知られているところによれば、陽子や中性子は光子や電子のような基本的なものではなく、クォークから構成されたものなのである。ここでようやく、原子核物理にも量子電磁気学と同じ程度に説得性のある基本理論がいつの日かできるだろうという光明が見えてきた。

一面では、宇宙背景放射とクォークの発見は距離のスケールではまったく反対の両極端にある。実際、観測される宇宙のサイズはクォークのサイズの10^{45}倍大きい。それにもかかわらず、この二つの領域は密接に関連していることがわかるのである。宇宙背景放射は、膨張して現在のようになる約10^{10}年以前の宇宙について語っているのである。ビッグバンから一秒も経っていない時代には、宇宙の素粒子達は一個の原子よりも小さい領域に閉じ込められていた。当然、量子力学の支配する領域であった。さらにそれ以前では、宇宙には原子はなく、クォークから成っていた。このようにして、宇宙論は巨大なものの物理を持ってきて測定できないような極微《ごくび》なものの物理と結び付けたのである。

現代物理は次のようなサークルでシンボル化できよう。クォークから始まり、過去の原子、分子、石ころ、惑星、恒星、銀河、そして宇宙へと伸び、さらにビッグバンを介在させることでその基本的な構成要素に戻ってサークルは閉じるのである。宇宙論はまた時間的な宇宙の進化にも関係している。このストーリーが星の進化や惑星の地学的歴史、あるいは生物進化や文化的進化、そして最後に歴史時代までと結び付いたとき、本当の叙事詩的内容の調和のとれた物語が成立するのである。もちろん現在では、このストーリーはまだ生命の起源のようなギャップや謎で穴だらけだが、その広いアウトラインは地歩を固めたのである。

六〇年代に、物理学者はこのストーリーのオープニングの章を書き出したのだった。未来の世代はこの野心的な事業を二十世紀における物理学の主要な成果として振り返るかもしれない。

3　第三期――コンピューターと量子工学

一九七五～一九八五　画像情報

七六年七月二十日、合衆国建国二百年の記念日から二週間後、無人宇宙船が火星に着陸し、その赤い土の画像を送り返してきた。世界はロボットが地球外生命を探しているのを息を呑んで見守った（結局、生物は見つからなかった）。この実験と同様に意義深かったのは、このニュースが公衆に伝達される方法であった。カラーテレビが普及したおかげで、ビジュアル・イメージが、古代からニュースの主要な媒体であった文字と口述に取って代わるようになった。

科学では、長い間、技術によって強化された人間の視覚の価値が認識されてきた。古典物理での望遠鏡、顕微鏡、そしてカメラに加えて、二十世紀はテレビジョン、ホログラフィー、そして最も大事なコンピューターを追加した。現代物理学の発見の上に製造されたコンピューター・グラフィックスは基礎研究にとっても不可欠の道具になった。一九八一年、一個一個の原子が人間の目に初めて姿を現わしたとき、古来の夢が実現したともいえる。これを可能にしたのは走査型トンネル顕微鏡（ＳＴＭ scanning tunneling microscope）と呼ばれるもので、未知のものの表面を目の見えない人の指先がスキャンするように、その先端は表面を優しく走査する微細な針から成っている。デジタル化された等高線がコンピューターに入力され、卵を入れるカートンの底のような絵を描き出すようオーガナイズされている。そうしたカートン様の出っ張りの一つひとつが一個一個の原子を表している。システマティックな色付けの規則でコントラストを強くし、異なった種類の原子の識別も可能にする。目に見えない原子的な風景からできるこうした地図は、幽玄な美に包まれている。

医療の分野では、コンピューターと他のいろいろな検出器との結合で劇的な成果をもたらした。Ｘ線のペンシル・ビームで作られる脳の姿は、個別には重要ではないが、コンピューター断層写真（ＣＴ〈computed tomography〉スキャン）によって三次元的かつカラーでコード化されたイメージに集積される。そして、これは脳外科を革新した。胎児の超音波画像は産科の役に立っている。人体をつぶさに診《み》るその他の技術としては、画像を描く磁気共鳴イメージング（ＭＲＩ）や、陽電子放出断層写真（ＰＥＴ〈positron emission tomography〉スキャン）がある。後者は、身体に投与された放射性物質から放出された陽電子が、近傍の細胞で電子と対《つい》消滅する際の放射を記録するものである。

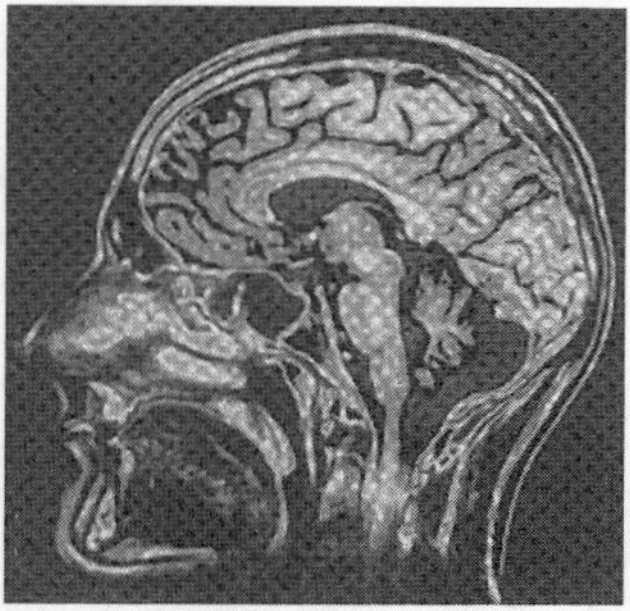
MRIによる脳断層写真

また、物質世界から超越した科学の女王である純粋数学でもコンピューター・グラフィックスを採り入れている。例えば、数学者やアーティスト、そしてコンピューターの達人をもその繊細な美と複雑さで魅了した数学的構造、マンデルブロー集合の発見（七九年）も、画像を作るコンピューターの能力に負っている。

七五年以後の物理学者の世代はレンズを通して世界を見ることはせず、コンピューター・モニターでその画像を見ることになったのである。彼らは一体何を見ているのだろうか？

一九八五〜一九九五　再吟味

ベルリンの壁の崩壊（八九年）、ドイツの再統一（九〇年）、そしてソ連邦の崩壊（九一年）などのニュースは冷戦終結を祝福する偉大な鐘の音のように、驚愕している世界の上に響き渡った。グローバルな緊張が消滅し、グローバルな通商が花開くにつれて、世界は新しいスタートを確実に切ったように見えた。

物理学もまた新しい段階に入った。第二次大戦以後スタートを切った新発見の猛烈なラッシュはようやくスローダウンした。この原因は主に科学が、長年の間に、不格好な姿に成長したからである。理論はあまりにも複雑化し、それによって要求される計算をスーパーコンピューターでさえキャッチアップできないのである。物理のいくつかの分野の実験は、計画してやり遂げるまでに多くの年月がかかるようになった。それは単純に、その実験には膨大な研究チーム、科学機器、財政的リソースが必要だったからである。物理学者はより節度のあるペースを取ることの利益を採りはじめた。二十世紀の過去に発見されたことをもう一度、じっくりと再吟味することで、時には驚くべき結果がもたらされた。

二五年以来、量子力学は原子世界への絶対確実なガイドであった。広く受け入れられてはいたが、しかしその解釈は難しかった。ファインマンは「誰も量子力学を理解してはいない」とつぶやいていた。レーザー、コンピューター、高速なエレクトロニクスの進歩は、かつての単なる思考実験を現実の実験に置き換えることを可能にした。一個一個の光子や原子の行動を観測することで、自然は実際に量子力学が描くように奇妙なものであるという信頼すべき証拠が多くもたらされた。

　原子核と素粒子の物理学を記述するために、量子力学と相対論とクォークに基づく整合性のある理論が、二十年の歳月を経て、ようやくそれに標準理論という名前を与えるような程度に整備された。まだいくつかの未解決問題を残してはいるが、これは全ての既知の素粒子と、重力を除く全ての力をうまく説明している。この標準理論は自信を持って〝トップ〟と名付けられた六番目の最後のクォークを予言した。そして、九五年にそれがやっと見つかったとき、その巨大な質量は他のクォークとの調和をグロテスクに乱していることがわかり、またしても新たに不可解な存在となった。

ホーキング（1942–2018）

　人間のスケールでは、一一年に発見され五七年に理論的に説明された超伝導現象が、また突発事件を引き起こした。それまで考えられていたよりも高温での超伝導が検出されたのである。何がさらにあるのだろう。古い理論が新しい実験結果を説明できず、理論家はまた初めからやり直さねばならない。

宇宙のスケールでは、新しい道具が背景放射（六五年発見）の強度分布の地図を予想もしなかった精度で明らかにした。新しいデータはイギリスの物理学者スティーブン・ホーキングを含む宇宙論学者達をして、全宇宙と時間の始まりを記述する波動関数を扱う量子宇宙論の理論構築への取り組みに駆りたてた。これは原子と宇宙の物理の最終的な結合になるかもしれない。

一九九五～　眺望

二十世紀の「物理学の世紀」を振り返ってみれば、その深さや視野について巨大な拡大の時期であったことがわかるのみならず、規模の拡大にも気付く。例えば、アメリカ物理学会の会員は一九〇〇年には約百人であったものが、九七年には四万人へと四百倍の成長となった。この原因は、一つには大学教育の拡大にあるが、優雅でアカデミックな探究から世界経済の欠かせないコンポーネントへと科学の世界が転換したことの兆候でもある。

トランジスターをめぐる物語はこの転換を描いている。コンピューターなしの生活は現在ではミニチュア化したトランジスターなしのコンピューターのように考えられないことである。これらはまた純粋・基礎研究にルーツを持つ大学や企業の研究所における膨大な応用研究の成果である。今日のラップトップ・パソコンも先祖をたどれば、直接に二五年におけるハイゼンベルクの量子力学の発見に戻るのである。

新世紀への転換にあたって、科学の未来の方向を予想しようとすれば、次のことを思い出すのが助けになろう。すなわち、偉大な発見というのは一般的な問題への解答を目指した、熟考された探究の結果であることは滅多にない。むしろ、控えめの特殊な課題へ焦点を合わせた注意深い研究からの配当である場合が多い。例えば、今から四百年前、ドイツの天文学者ヨハネス・ケプラーは火星の計算された軌道と観測結果のわずかな差を取り除くために四年間格闘した。そして、宇宙の全ての惑星の運動を支配する法則を発見したのであった。二十世紀では、イギリスのアーネスト・ラザフォードは荷電粒子が物質を通過する過程を詳細に研究していたが、その中で彼は原子核の存在を突き止めたのである。二十一世紀でも、ある特殊な問題の情熱的な探究が、すばらしい、予期しなかった一般的な洞察をもたらすであろう。

それでは、どれほどの深遠な洞察を物理学者に望むことができるだろう？　我々は間もなくダークマターが何であるか、宇宙が膨張し続けるかどうかを知るかもしれないが、しかし時間はいつから始まったのであろう？　一般相対論は重力が何であるかを教えてくれたが、重力なしでも測定可能である慣性質量はどこからくるのであろうか？　我々は乱流、すなわち世紀にわたって数理物理学者を寄せつけなかった、流体やガスの流れに見られるカルマン渦列やカオス的な渦の振る舞いをどう記述すればいいのか？　もしそれを知っていたなら、天気のパターンや心臓麻痺の予告ができただろう。認識するということは脳ネットワークの電流という言葉で説明できるのであろうか？　あるいは量子力学や、さらに何かが関係しているのであろうか？　この問題では、量子力学の不思議な法則を、疑問を呈することなく受け入れざるを得ないのであろうか？　あるいは、アインシュタインがその希望を捨てなかったように、量子を当然と思わせるような手がかりを、誰かがいつか発見するのであろうか？　生命はどうして始まったのか？　我々は宇宙でひとりぼっちなのだろうか？　こうしたもろもろの疑問に自信を持って答えられない限り、我々は世界を理解したとは言えない。

振り返ってみれば、二十世紀には多くのことを知ったが、ミステリーには終わりがないことも悟った。そして、最も難しいことは次に何が発見されるかを予測することである。

流れのパターンに見られるカルマン渦列

第二章　原子の言葉――創造

ベルエポック

ヨーロッパは一八七一年の普仏戦争の終わりから一九一四年の第一次大戦開戦までの長い平穏を経験した。工業化と大都市化、頻繁に開かれた万国博覧会は、科学技術万能の風潮を醸成し、それを担ったブルジョアジーの楽観主義が時代を支配した。イギリスは長く続いたビクトリア女王時代の安定と繁栄を享受し、後発国であったプロシアは世紀初めには巨大な産業力を誇る国家に急成長した。科学技術振興で日本が見本にしたプロシアは富国強兵のための大学政策を実行し、自然科学の教授の待遇をよくし、その結果、「教授文化」という独特の文化界を創出した。フランスはパリを中心とした文明、芸術、文化の興隆を迎え、大戦前のベルエポックを満喫していた。ハプスブルク王室のオーストリア・ハンガリー帝国の首都ウィーンもまた独自の文化を育んだ。

しかし、ヨーロッパから遠く離れた植民地では、次第に確執《かくしつ》が深まっていった。また、ヨーロッパ内部でも「啓蒙」思想の浸透でユダヤ人の同化が進んで、一部に新職業の成功者が現われ、民族対立の芽を植え付けた。物理学、あるいは科学一般においても、アインシュタインをはじめとするユダヤ人の活躍は異様なほどである。

一九〇〇年というのは明治三十三年である。ヨーロッパの平穏をよそに日本は日清（一八九四〜九五年）、日露（一九〇四〜〇五年）の戦争で勝利し、遅れてきた帝国として富国強兵に努めていた。ヨーロッパの周辺では、日本も含め、この平穏を乱す震源地が現われていた。

帝国大学

東京大学ができたのは一八七七年であり、帝国大学令は一八八六年である。世紀の始まりには、もう外国人教師の時代ではなかった。留学組が帰国して教授となり、高等学校が整備され、科学の高等教育を受ける人の数は急増しつつあった。京都大学が一八九七年に創設され、その後も医学校や理工学校が帝国大学に統合されていった。街には電車が走り、発電機や大型汽船の製造も行われ、物理学の実験も始まっていた。

しかし同時に、日本が移入に熱中している西洋の科学文明と日本人の生活を律してきた東洋の精神文化との差にも気付く者が出てきた。この点を民衆に問いかけた夏目漱石が大きな支持を得ていた。一世代前に福沢諭吉が「旧思想からの脱却のための物理学の要用」を説いた時期は過ぎようとしていた。

科学者という新職業

キリスト生誕紀元での世紀と物理学の進展は本来独立なものだが、十九世紀末から二十世紀にかけての転換期は、不思議なほどに物理学の転換点と一致した。それでは十九世紀以前はどうであったかという問いが出されそうであるが、実は自然哲学から今のような物理学が独立したのは十九世紀初頭であるから、まだ一回しかなく、二回目の二十世紀末がどうなのかは本書のテーマでもある。知的世界に才気《さいき》煥発《かんぱつ》な科学タレント達が振る舞うようになったのは十八世紀だが、十九世紀後半になってようやく大学などで科学研究が制度化し、専業の科学者という職業が登場した。十九世紀には蒸気機関、化学、電気の起業が盛んであったが、トーマス・エジソンの生涯に見るように、科学と技術の世界の関係は現在とは大きく違っていた。

古典物理

ここに量子物理の全貌が見えてくる前の物理学の見取り図を描いたものがある（次頁参照）。これは一九二〇年代にアメリカで技術者教育に使われた物理学の教科書（A. W. Duff, College Physics, 1920）の導入部に掲載された図をもとにしたものである。小さな川が合流して大きな川になる様子になぞらえて、物理学の発展を描いている。これで見ると、力、音、熱、電気、磁気、光は遠い過去に起源を持つのに対して、放射線だけが近年に起こった

物理学の見取り図

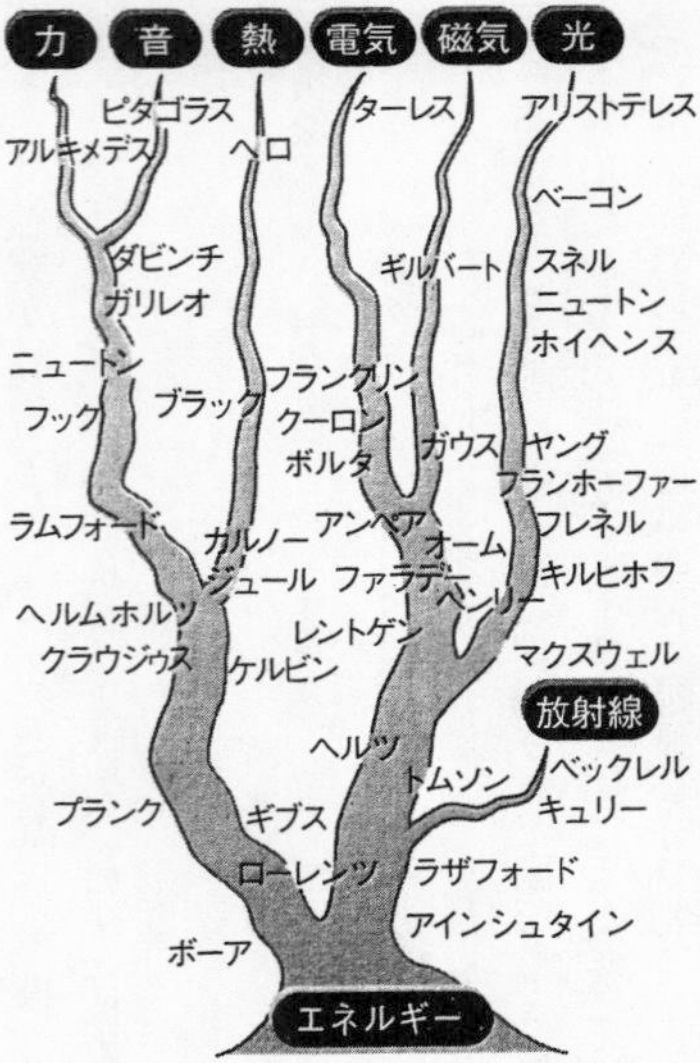

支流になっている。全ての流れがエネルギー川に流れ込むあたりはいささか強引であるが、当時の広く流布《るふ》していた視点を表現しているといえる。古典物理を馴らし馴らし使っていた時代の見方である。

1　ケルビンの「二つの暗雲」

ケルビン卿

十九世紀の科学の最大のトピックスは熱力学、電磁気学、化学工業、それに進化論だった。物理学はその体系性と厳密性において他を圧倒していた。そんな中で、ちょうど一九〇〇年に、当時の物理学の巨匠であったイギリスのケルビン卿（ウィリアム・トムソン）は、

「十九世紀物理学にかかる二つの暗雲」という講演をしている。ケルビンはグラスゴー大学にあって長くイギリスの物理学界に君臨した人物であった。現在の古典物理学のあちこちに彼の功績は登場する。数理と実験の両面に力量を発揮し、大西洋横断の海底電線敷設を指揮したことでも知られている。日本に送られた外国人教師も彼の学生が多い。また、地球年齢の推定などで地質学者などと論争し、進化論と並んで、国民の科学への関心に話題を提供した。ビクトリア朝に科学者の鑑《かがみ》とされた人物であった。

当時、矛盾なく万能に見えた物理理論の適用を妨げている二つの「暗雲」があるとケルビンは言うのである。それらは、実験でエーテルが検出されないこと、および黒体放射と呼ばれる熱放射の理論の破綻であった。熱、音、光を対象としてニュートン力学は力学的自然観の成功を謳歌したが、世紀末になって「実験と理論が一致しない」というかたちで暗雲が発生したのである。

ケルビン卿（1824–1907）

エーテル

一八五六年、イギリスのジェイムズ・クラーク・マクスウェルは、電気・磁気のさまざまな知識を統一して表現する方程式のセットを完成した。この理論の最初の成果として、光が電磁波であることが説明された。十九世紀の物理学者にとって電磁波はエーテルという、力学に従う媒質の波動と理解された。エーテルという仮想媒質を想定して初めて電磁波が納得できた。しかし、電磁波の性質から要求されるエーテルの性質は奇妙なものだった。例えば、音速が空気中より鉄路のほうで大きいことからわかるように、光速が大きいことはエーテルが硬いことを意味する。しかし、我々はそのエーテルの中を何の抵抗を感じることもなく動ける。これはミステリーであった。

また、遠い星から光がやってこられるのだから、エーテルは宇宙空間のどこにでも敷き詰められていなければならない。一方、地球は公転、自転といろいろな方向に運動しているから、地上ではエーテルの風の方角が時間とともに変わる。光速はエーテルに対して一定速度なのだから、地表に対する光速はエーテルの風向きに応じて変わるはずである。これを測るのが十九世紀末の重要な実験課題であり、ヨーロッパやアメリカでは光学技術を開発してこれに挑戦した。新興国アメリカのクリーブランドのアルバート・マイケルソンもそういう挑戦者の一人であり、巧妙な干渉計を発明して、この実験をリードした。ところが、期待されるエーテルの風はなかなか正体を見せなかった。これを説明するにはエーテルの運動方向には長さが縮むとしなければならない。オランダの物理学者ヘンドリック・ローレンツが一八九二年にこういう新理論を出していた。ともかく、エーテルは徹底的に奇妙な性質を持つ厄介なものだった。ケルビンが言う「暗雲」の一つはこのことである。

熱放射

もう一つの暗雲は熱放射である。物体は熱すると光り輝き、高温にすると光の放射はより強くなり、色は赤から青っぽく変わっていく。温度計も溶けてしまう高温で温度を測定するには、この色と温度の関係に着目せねばならない。十九世紀末の富国強兵を先導したのは製鉄産業であるが、溶鉱炉の放射から温度を推定するという課題は、文字通り国家産業の一大事であった。特に、富国強兵と基礎科学研究を直結させていたプロシアでは科学界の重要な研究トピックスだった。

十九世紀には、力学と並んで電磁気学と熱力学が物理学の基本法則に加わった。産業革命のエネルギー源である蒸気機関の発達と一緒になって熱力学の体系は確立した。熱の実体を力学の概念だったエネルギーと同質のものと見なして、エネルギー保存の原理が拡張された（熱力学第一法則）。しかし、同時にエントロピー増加という第二法則は熱力学に独自のものとして現われた。

十九世紀末には、気体の熱力学を粒子集団の力学で説明する統計力学が成功した。アメリカのジョサイア・ギブスやオーストリアのルートヴィッヒ・ボルツマンがその理論を考察した。気体はさまざまな運動エネルギーを持つ粒子の集団と考えられ、そして運動状態の分布から熱力学を構成するものであった。粒子が「原子」かどうかは未だ明確にはわからず、定量的にサイズや重さはまだ観測されていなかった。〇五年におけるアインシュタインの三つ

プランク（1858–1947）

の論文の内、五月投稿の二番目の論文はこれに関係している。このブラウン運動の論文を基礎に、〇八年にフランスのジャン・バティスト・ペランが実験を行って初めて原子の重さの確認を果たした。

熱放射の問題に戻ると、粒子集団の統計力学を使った比熱の理論の成功に勇気付けられて、理論家は熱放射の問題を電磁波の統計力学として試みた。しかし、なぜかうまくいかなかった。すでに熱放射の実験結果はあったので、それをうまく実現するためにドイツのマックス・プランクは量子仮説というものを導入した。くしくも一九〇〇年に登場したこの「量子」という言葉が、二十世紀物理学の根幹をなすキーワードに成長していくことになる。

2　思いがけない発見

放電管

十九世紀末、先進国の実験室での流行の一つは、電極を持つガラス管（蛍光灯やブラウン管のようなガラス管）に高電圧をかけて放電現象を見ることであった。この現象は一八六〇年代から注目され、電磁気と光と元素の結び付いた恰好の実験テーマになった。ガラス管に詰めるガスの種類を変えて分光の違いを分析したり、それに電場や磁場をかけて管内の振る舞いを観察した。こうした実験を通して発見されたのがX線（一八九五年）、磁場をかけた原子から放射される光のゼーマン効果（一八九六年）、負の電荷を持つイオンより軽い粒子、すなわち電子の発見（一八九七年）である。電子の発見はイギリスのジョセフ・ジョン・トムソンによる。彼は先輩のマイケル・ファラデーが溶液の電気分解で成果をあげたことの向こうを張って気体の電気分解をテーマに選んだのであった。〇八年にはアメリカのロバート・ミリカンが電子の電荷を測定し、これが電荷の最小単位であることを示した。

　生きている身体の骨を写し出したX線の写真は新聞で世界中に広まり、異常な興奮を引き起こした。アメリカでは好事家用のX線発生装置セットが売り出されたほどである。特に、医療関係者の期待は過大に膨らみ、日本でもただちにレントゲンの実験の再現に成功する。また、医療用の発生装置の製造も始まったのである。

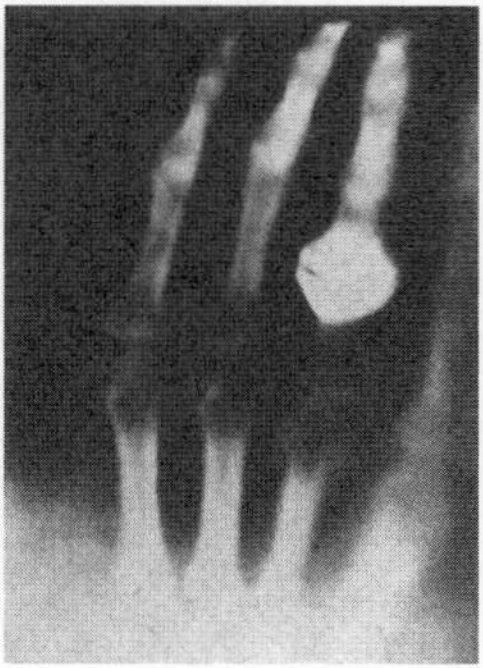

レントゲンによる初の人体透視写真（妻の手と指輪）

放射能

科学者もこうした透過性のある見えない〝…

線”の探究に走り出した。フランスのアントワーヌ・アンリ・ベックレルは蛍光を出す鉱物に着目する。加熱しなくても怪しく光るのは不思議である。彼は直観的にX線との関係が頭に浮かんだのだろう。そして、偶然にウランから出る、X線とは別の透過性のある放射線を一八九六年に発見した。それに刺激されて、キュリー夫妻はいろいろな鉱石のサンプルを博物館から借りてきて放射線を測定し、また化学的に精錬して放射線を出す元素の同定に努めた。こうして、ポロニウムとラジウムという元素が放射線を出して別の元素に崩壊することを発見するのである。強い放射線を出すラジウムなどは、加速器で人工的に放射線を作れるようになるまでの間、天然の放射線源として重要な研究手段であった。この放射線もまたX線同様に医療での応用が考えられて無知のまま多用され、痛ましい放射線障害を初経験することとなった。

「暗雲」と珍獣

物理学は諸科学の中で際立って数理的であり、定量化の明確な測定技術と数学に基づく厳密な理論構成とを車の両輪としている。「暗雲」も分光学の高精密化と輝度測定の新技術がもたらしたものであった。測定が理論と対比できるほどに成熟した現象の中に「暗雲」は発生するのである。これに対し、「思いがけない発見」は高電圧や高真空、そしてイオン検出器や放電管などの萌芽期の技術の導入が偶然にもたらしたものである。それは「暗雲」現象からも離れた、探検家の見つけた珍獣、新しい〝もの〟達であった。

プランクの量子仮説とアインシュタインの相対論はこの「暗雲」を晴らす試みであった。そして、〝ものの見方〟の革新と「思いがけない発見」が一つの流れとなって、二五年頃に量子力学の完成を見るにいたるのである。すなわち、黒体放射と物体の比熱、光の波動－粒子二重性、原子内部構造、原子内部状態の遷移《せんい》と光の放出吸収、X線結晶構造解析などの原子と光の現象の解明を通して量子力学という新しい一般理論が発見されたのである。〇五年の相対論も電磁気学の現象を通して発見された、時間と空間に関する一般理論であった。これらはともに「ニュートン以来」と表現すべき二十世紀最大の進展である。

3　特殊相対論

一発で完成品

暗雲を晴らす二つの解答のうちプランクの量子仮説は、実験結果を説明していても、古典力学の一般原理とまったく矛盾する仮説だったから、あくまでも最終解答にいたる出発点であった。この熱放射や原子内における電子の運動の問題に論理的に満足のいく理論ができるためには、新しい量子力学の一般原理の発見を待たねばならなかった。これに対して、もう一つの暗雲、光の伝播にエーテルの風が感じられないという暗雲に対するアインシュタイン

岡本一平画による、知恩院の鶯張りの廊下を行くアインシュタイン

の解答は、それ自体で完成品であった。

アインシュタインといえば相対論というくらいであるが、彼が二二年に〝二一年度〟のノーベル賞を受けたときの授与理由には相対論の文字はなかった。授与理由は奇跡の〇五年の最初の論文、すなわち光電効果に関する光量子仮説であった。ちなみに、この年の秋には彼は日本を訪問していたので、ストックホルムでの授賞式に出席できず、翌年の授賞式に出て相対論について受賞記念講演をした。このもたもたした、スッキリしない経過の背景には、台頭しつつあったナチス勢力による、ユダヤ人であるアインシュタインへの攻撃という政治的事情が一つあった。また、これとはまったく別の事情として「相対論は何も新しいことを追加していない」という専門家の意見もあったのである。

地動説と相対論

ニュートン力学にもガリレオの相対論がある。力という物理的な作用は運動の速度を変える役目をする。速度の大きさはそうした作用とは無関係で、むしろ速度を測る座標系の取り方で決まるものである。この立場からいうと、運動を記述する対等な座標系は無数にあることになる。互いに等速度で運動している座標系は全て同等であり、力学法則で選び出される絶対的な座標系はない。運動はそれら座標系に対する「相対的な運動」という意味しかない。これが相対論の「相対」の意味である。地球静止系から見れば太陽が動いているが、太陽静止系から見れば地球が動いている。このことはニュートン力学の成立前にガリレオが地動説に絡めて議論したことに端を発しており、ニュートン力学に含まれるガリレオの相対論と呼んでいる。

ところが、光の電磁波論を記述する電磁気学のマクスウェルの方程式は、このガリレオの相対論を満たさないのである。エーテルの風が見つからないのも、このためである。すでに、一八九二年にローレンツが、マクスウェルの方程式で成り立つ相対論はどのようなものかを考えていた。すなわち、同等な座標系同士の間に成り立つ変換を求めたのだ。これが、現在、相対論を習うと頻繁に出てくるローレンツ変換というものである。確かに、ガリレオの相対論とは違う新しい相対論である。しかし、この変換式にアインシュタインの名は付いていない。〇五年に彼が論文を出す十年以上も前にすでに発表されていたものであり、ここにもノーベル賞委員会が悩んだ火種がある。

時間空間論と質量エネルギー

それではなぜ、ローレンツの相対論ではなく、アインシュタインの相対論と呼ばれるのであろうか。一言で言えば、ローレンツは電磁気学に限った話をしたのに対して、アインシュタインは時間空間の理論を新提案したのである。書いてある数式は同じでも、これを見る見方を変える提案である。物理法則にはどこでも時間空間が出てくる。当時知られていた力学や電磁気学は当然含まれるが、それだけでなく、以後に発見されてくる理論も全てその上に作られなければならないという物凄い縛りなのである。さらに〇七年には、リトアニアのヘルマン・ミンコフスキーがアインシュタインの相対論は時間と空間が一体になった四次元空間を考えることであるというかたちに発展させた。ローレンツとは違う、アインシュタイン独自の視点が一二年の時点ではまだ明白ではなかったのである。

彼はすぐ粒子の力学をローレンツ変換に合うように書き換えたが、そこで出てきたのがいわゆる$E=mc^2$の式である。これは質量が膨大なエネルギーを潜在的に持っていることの発見であり、当時謎めいて見えた放射能のエネルギー源であることを解明した。原爆以後、この公式は原子力のシンボル、あるいは物理学全体のシンボルとして多くの人々が目にしたものである。物理学で一番有名《ポピュラー》な数式であろう。

4　原子・X線・電子線

原子の内部

原子が実在のものになってくると、その内部の仕組みがテーマになった。原子は放電などで正電荷のイオンと負電荷の電子に分かれるから、中身は正と負の電荷が等量あって、全体として中性になっていることは明らかであった。しかし、正と負がどのように配置しているかをめぐっていろいろな説があった。〇四年、日本の長岡《ながおか》半太郎《はんたろう》は土星型有核模型と呼ばれる説を出して注目された。しかし、原子の内部構造を明らかにしたのは、一三年のボーアの理論ということになっている。 なぜ、長岡でないのか？ 科学の論文というものは、ただ「あ

原子のモデル

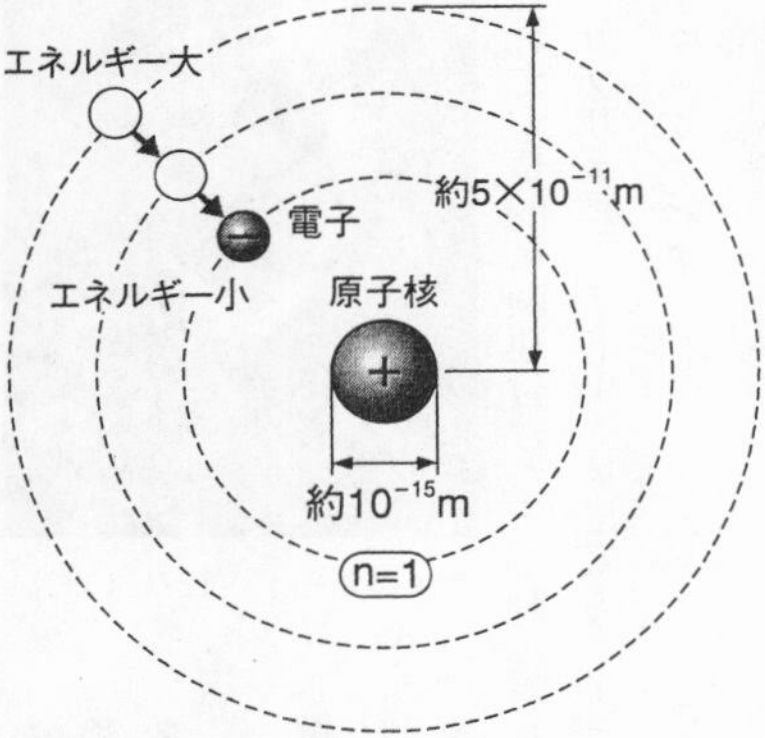

原子核のまわりを運動する電子は、飛び飛びのある決まった軌道で運動している。電子はn＝1の軌道までしか近づけず、軌道を変える時に光の放出・吸収が起こる。

あだ、こうだ」と賭けごとみたいに仮説を出して実験を待つだけでなく、その仮説が具体的に予言するタイミングとインパクトが重要である。

一一年にラザフォードが原子には非常に小さい正電荷の核があることを実験で示し、それに続き、ボーアがこの「核プラス電子」という原子模型と、各原子に特有なスペクトル線のパターンとを量子仮説を入れて定量的に関連付けた。これに対して、長岡のものはイギリスのケルビン卿やジョージ・ガブリエル・ストークスによるエーテル理論にのっとった原子模型の系譜で出された旧時代のものだった。

ラザフォード（1871-1937）

飛び飛びのエネルギー準位

「放電管」の項でも述べたように、各元素は放電管の中で特有な波長の光を放出することが知られていた。プリズムのような分光器でこの光を波長ごとの強度に分解したものをスペクトルという。特定の波長だけで光っているものは線スペクトル、全ての波長を含む光は連続スペクトルと呼ばれる。放電管から線スペクトルの光が出るのは、電場で加速された荷電粒子が原子に衝突して内部状態を励起《れいき》し、励起状態が基底《きてい》状態に戻る際に光が出るのだと解釈される。励起とはエネルギーを吸収して原子内の電子の運動状態が変化することであるが、励起状態にいることは不安定なために、基底状態に自然に戻るのである。したがって、線スペクトルの飛び飛びの波長の光しかないということは、基底状態と励起状態の間のエネルギーの差も飛び飛びであることを意味する。アインシュタインの光量子では、波長とエネルギーは一対一に対応する。

ボーアは核の周りを運動する電子のエネルギーを計算するときに、角《かく》運動量がプランク定数の整数倍であると仮定し、見事にスペクトル線の実験式を出してみせた。熱放射の難問を解決するためにプランクが勝手な仮説を立てたのと似ている。ボーアの仮説は根拠薄弱なの

原子のエネルギー準位

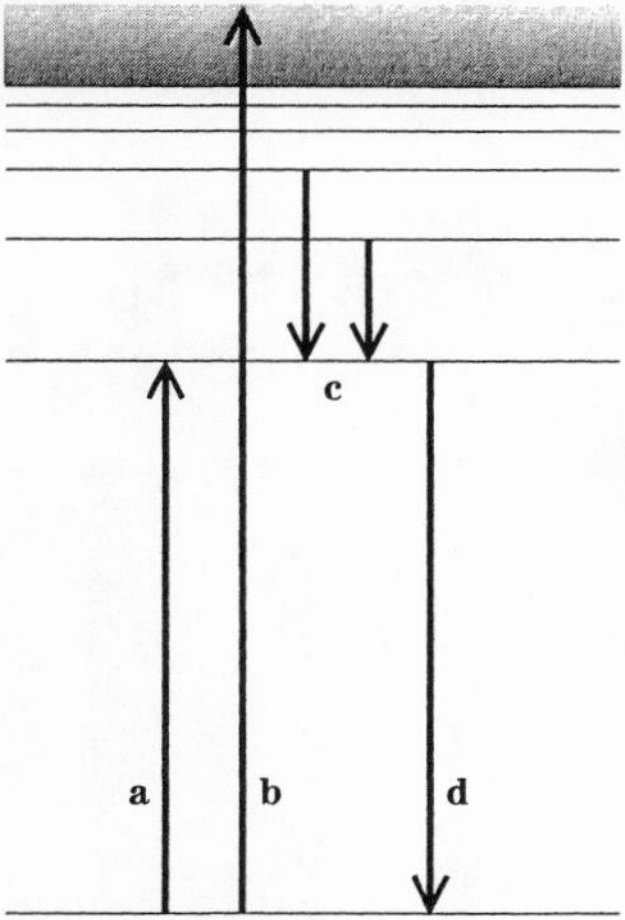

原子の中で電子が取り得る状態のエネルギーは、図の横線のように飛び飛びとなる。これを原子のエネルギー準位という。エネルギーの高い上部の濃い色の部分は電子が原子の外にある電離状態、下端の横線は最小の軌道半径の運動でエネルギーが最も低い基底状態である。原子がエネルギーを吸収して矢印ａ、ｂのように励起され、それに続いて矢印ｃ、ｄのように光を出して下の準位に戻る。

に、この路線は原子スペクトルの説明に赫々たる成功をもたらした。後に、量子力学の完成でこの仮説の根拠が初めて明らかにされた。

測定手段としてのX線・電子線

X線は波長の短い光である。太陽光である可視光の波長は原子の大きさよりも一万倍も長いが、特にX線の波長は短く、原子のサイズと同程度である。このため、結晶の原子の並びをX線の散乱で見ることができる。一二年、ドイツのマックス・ラウエが結晶によるX線の回折（による干渉）現象の測定に成功し、続いてイギリスのヘンリーとローレンスのブラッグ親子がこの現象を使って逆に結晶の構造を解析する方法を確立した。日本では、寺田寅彦がこれに相当する仕事を始めるが、途中でやめてしまった。この解析方法はX線の発生装置、X線分光装置の技術の進歩で、原子数個の物質からたんぱく質や核酸、DNA、あるいはウイルスにいたるまで、結晶になるものの構造解析に威力を発揮することになる。

また、ド・ブローイの思い付きのような電子波も二七年にはアメリカのクリントン・ジョセフ・デビッソンとレスター・ジャーマーによって、電子線の金属表面での散乱波が起こす

光の波長と原子のサイズ

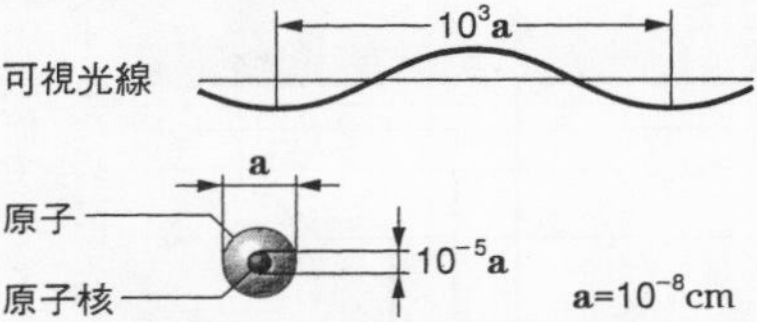

注：可視光線は、正確にはこの数倍の波長となる

回折現象でもって偶然に確認された。彼らはGE（ゼネラル・エレクトリック社）の研究所員で、学界とは関係なく、その解釈にしばらく時間を要した。日本でも二八年、菊池《きくち》正士《せいし》が岩石の雲母《うんも》の薄膜での回折現象を観察した。こうして、いったん実験できるようになると、電子線を光のように用いた電子顕微鏡の製作を可能にした。そこではレンズの代わりに磁場をかけて電子線を制御する。電子線のエネルギーを上げれば波長はいっそう短くなり、顕微鏡の分解能は向上する。

高エネルギーと微小な構造

電磁波も電子線も、さらにエネルギーを上げれば各々ガンマ線やベータ線という放射線となる。このような場合は波動というよりも粒子として振る舞う。二二年に、アメリカのアーサー・コンプトンはX線という粒子と電子の衝突でエネルギーがやりとりされることを示した。X線やガンマ線は光子という素粒子と見なしたほうがよくなる。そして、原子核のような微小な構造を見るにはより高エネルギーが必要になり、人工的に高エネルギーを作る加速器への欲求が高まるのである。物質に対する新しい知識は、ただちにさらなる解明の道具へと転化していく。それ自体の解明を待つこともなく、実験的に性質を確かめれば、ただちに道具として使われ、威力を発揮した。二十世紀の物理学が他の領域に浸透したバイタリティーをここに見ることができる。

5　一般相対論とアインシュタイン

「統一理論」

〇五年から一六年の一般相対論までの展開はアインシュタインの純粋に理論的な試みで、学生時代の同級生であるマルセル・グロスマンという数学者の協力があった。同時期に同じような試みをした研究者は数少なく、量子や原子で沸いていた物理学界の主流からは外れていた。逆に言うと、このような理論を促す実験事実や他の展開があったわけではなかった。動機はまったく理論的なものだった。電磁気力と並んで重力という古典的力があるが、電磁気学が特殊相対論的であるのに、ニュートン以来の重力は相対論的でなかった。ここを調整したいというのである。

現在から見るとアインシュタインの理論的動機はもっと広い「力の統一理論」の視点から見られるようになっている。対称性、ゲージ理論などがそのキーワードに当たる。しかし、こういう認識に達するには約半世紀の時間が必要であった。こうした事情のため、長い間、一般相対論と「量子と原子の物理」とは非常に異質なものに見えていた。そしてようやく、重力を含む統一理論や弦理論、時間空間の量子論へというかたちで二十一世紀の課題として浮かび上がってきている。二十世紀の物質の量子力学の後を受けて、二十一世紀には時間空間の量子力学が進展するだろう。〇五年から始まる相対論は、時間空間自体を「あったり、なかったり」「さまざまな種類のものがあったり」「別なものに変わったり」、要するに可塑《かそ》的な対象に変える出発点であった。これは電磁気学から促されて物理的に見つけたものだが、アインシュタインは純理論的な原理に導かれて一般相対論にいたった。このドラマは、途中に物質の量子論での多くの寸劇を挟んでおり、まだ終わっていないのである。

アインシュタイン神話

こうした、一見、純理論的産物が物理学を含む科学の世界をもはるかに超えて、一九年に突然世間に立ち現われた。まず、イギリスの天文学者アーサー・スタンリー・エディントンが入念に計画し、日食時を利用して、太陽重力によって光の経路が曲がるという現象を観測した。そして、この発見がなぜか当時の新聞で大々的に報道された。「ニュートン以来の物理学の革命だ」というかたちで瞬く間に社会の大きな話題となった。ニュースではなく、文化現象として社会に広まった。生まれた子供に「アルベルト」のファーストネームを付けるのが流行《はや》ったし、ドイツでは「レラティビテート」（ドイツ語で相対性）というタバコが売り出されたそうである。その熱狂はアインシュタインという人物への興味と一緒になって、世界的に高まっていった。

現在でも、「物理学＝アインシュタイン＝相対論」という世間の物理学イメージは消えていない。このシンボルが発する意味は各時代で少しずつ違っていたが、現在も物理のシンボルである。これは誤解も正解も生み出すシンボルであるが、存在意義を増した科学をめぐる文化の大衆化、消費化、情報化などの中で時代とともにいっそう強固なものになった。冷静に見れば、二十世紀物理の主役は相対論よりはむしろ量子力学であり、一九年の当時でも「ニュートン」力学を揺るがす量子の世界は明白に姿を現わしていたが、そういう興奮は学界内にとどまった。

救世主

この熱狂はX線の発見以来であった。そのときは人々はレントゲン自身よりはX線そのものに群がったが、相対論ではアインシュタイン本人に群がった。なぜこれほどの熱狂が巻き起こったのかをめぐっては、多くの社会的、文化的、政治的な研究がなされている。この状況を説明する事実の一つは、一八年が近代ヨーロッパ文化の終焉さえ暗示させた凄惨な第一次大戦の終わった年であることだ。ドイツの歴史哲学者オズヴァルト・シュペングラーの『西洋の没落』という本が発行された年でもある。後に量子力学をめぐる思想状況で触れるように、もろもろの権威崩壊がかもしだす不安と解放感と新たな救世主への憧憬がないまぜになった雰囲気が社会を支配していた。日本の大正デモクラシーの時代である。ともかく、この一件を機に、アインシュタインの身の回りは次第に騒々しくなり、ヒットラーに恐怖するユダヤ人として彼自身が原爆の登場にまで手を貸し、二十世紀の歴史に深く関わることになる。

6　膨張宇宙——アメリカの台頭

一様宇宙

一般相対論のもう一つの活躍の場は、アメリカのエドウィン・パウエル・ハッブルが二九年に発見した膨張宇宙である。一般相対論は重力と時空の理論である。重力は「万有引力」というようにいつも引力である。したがって、宇宙に散在する天体達が引力を及ぼしつつ平衡を保つことはできない。これはニュートンも考察した問題で、長年の難問であった。エネルギー保存、熱放射、エーテル充満、エントロピー放射といった十九世紀物理が進展するたびに、それらの宇宙全体に及ぼす影響が考察された。そこでは一様宇宙のモデルがいつも想定されていた。引力による宇宙の崩壊を防ぐため、普遍的な斥力《せきりょく》（宇宙項）を仮定する提案もあった。リーマン幾何学の認識で曲率を持つ宇宙空間さえ天文学者は考察していた。

一般相対論が完成すると、アインシュタイン本人も含めて、オランダのウィレム・ド・ジッター、ロシアのアレクサンドル・フリードマンといった人達が、一様モデルで相対論的な宇宙モデルを数学的に構成した。アインシュタインは初め斥力を仮定して静的モデルを出したが、間もなく、可能なモデルは特殊な場合を除き動的な構造を持つことが判明した。ヘルマン・ワイル（ドイツ→アメリカ）、アメリカのロバートソンといった理論家はこの空間の動的振る舞いは天文学での遠方銀河の観測で検証可能であると指摘した。

銀河の距離

一方、天文学の流れはちょうどアンドロメダ星雲のような広がって見える星雲がどれだけ遠方のものかをめぐって論争の最中であった。一方は星雲は天の川銀河系内の小さな天体だと言い、他方は天の川銀河系と同規模の星の大集団だと主張していた。問題は星雲の距離の測定である。この課題ではアメリカの天文学が何から何までリードした。ある種の変光星を用いることでアンドロメダ星雲の距離が推定され、銀河説が決定的になったのは二五年頃のことであった。ウィルソン山に建造された口径二・五メートルの大望遠鏡を使うハッブルの登場であった。こうして、銀河がほぼ一様に散在するという宇宙像が明らかにされた。

ハッブルの探究はさらに進み、数多くの星雲の距離をこの方法で次々と測定していった。そして、二九年に一般相対論による数学的宇宙モデルの予言を実証するデータを発表した。膨張宇宙の発見である。これは空間の膨張を空間に固定している銀河が、光るトレーサーとなって空間の膨張を示しているものと理論的には解釈される。この発見は、しかし、ただちに膨張宇宙の研究を活発にしたわけではなかった。多くの科学者の関心は中性子発見から始まる核物理の展開にあり、この原子核物理の展開をいったん経由して、膨張宇宙は六〇年代に再び登場するのである。

ヘールの大望遠鏡

ハッブルの発見を可能にしたのは世界一の望遠鏡の威力にあった。これは第二次大戦以前での最大かつ最も高価な科学機器だった。次々と大きな望遠鏡を建設したアメリカのジョージ・エラリー・ヘールは新しいタイプの科学者であった。彼は四八年に完成を見るパロマ山望遠鏡までひたすら巨大化を追求した。彼は設計も資金集めも自分でやった。二十世紀に入ったアメリカでこれが可能であったのは、技術力と経済力の伸張にあった。ヘールはそれらを純粋科学の拡大にうまく結び付けていった。二九年はくしくもウォール街での株の大暴落の年である。

ヘールはまた自動車大量生産のフォードシステムを参考に、多くの人間を使ってスペクトル分析をするなど、新しい研究スタイルをも考案した。そして第二次大戦後、企業や政府から巨額の資金を研究機器に投入させ、純粋科学を推進するタイプの科学者が多く現われた。また、原爆製造の経験を生かして大規模な研究が多くなっていった。

7　量子の言葉——状態関数

「古典」と「量子」

ハイゼンベルクとシュレーディンガーによって量子力学の理論がかたちを成すにつれて、それまでの物理学の理論形式は「古典論」と呼ばれるようになった。扱う現象に応じて古典論と量子論は使い分けねばならなくなった。［エネルギー］×［時間間隔］、［運動量］×［空間距離］という次元を持つ物理量を作用と言うが、この量が大きな値を取るマクロな現象は古典論でよい。しかし、かすかなエネルギー、短い時間、小さな質量、小さい空間構造などのミクロな現象では、作用量は小さくなる。量子論では作用には最小単位があり、その領域を特徴づけるプランク定数（6.63×10^{-34}ジュール・秒）の整数倍しか取れないことが見えてくるのである。

今、作用という量をプランク定数で割った数字を考えよう。もし、この数字が一億ぐらいの現象を扱っている場合には、この数字が連続的な実数か、それとも整数であるかには無頓《む》《とん》着《ちゃく》でいい。これが古典論の場合である。しかし、作用の数字が十といった現象を扱う場合は、連続的な実数か整数かでは大違いである。だから、もとは全て量子論なのだが、作用の量が大きい場合は古典論で扱ってもだいたい正しいのだと両者の関係を見ることは可能である。しかし、これは両者の関係の一面に過ぎない。

変数と状態

量子論は現象を直観的あるいは古典論のイメージで捉えることを拒否して始める。定性的に同じ理論だが、定量的に古典論が量子論の近似理論になっているという関係ではない。例えば、古典論では粒子の位置や速度、電場の強さといった物理量の値は原理的に測定可能である。したがって、物理の法則の数式に登場する変数は、測定値に当たる数字であるとされている。しかし、量子力学ではこの関係は断ち切られる。物理量は数字ではなく作用素（オペレーター）であり、それ自体としては測定値に対応しない。そして、量子力学では新しく状態関数というものが登場する。この状態関数によって、作用素が取るべき値が決まるのである。

シュレーディンガー（1887-1961）

状態関数は〝シュレーディンガーの波動関数〟とか〝状態ベクトル〟とも呼ばれる。古典論では変数の数字の組みで状態は指定されるが、量子力学では波動関数で指定される。そして、一般には一つの状態で変数の値は確定していない。そのかわり、同じ状態関数の多数の独立な系を用意し

ボーア（1885–1962）

て、ある変数を測定したときに得られるいろいろな測定値の出現頻度、すなわち確率分布はこの状態関数で与えられる。しかし、一つの系の測定でどの値になるかはまったくわからない、完全な確率過程である。いずれかの値で実現する潜在的可能性の中から、測定でその中の一つが選ばれると言ってもいい。あるいは状態関数が一つの値の状態に崩壊（収縮）するのだとボーアは表現した。これはボーアの研究所が所在した街の名をとって、コペンハーゲン解釈と呼ばれる。

可干渉——コヒーレント

状態関数はシュレーディンガー方程式に従って、時間的に変化する。この方程式は状態関数に対して線形なので、重ね合わせの原理で波動の干渉と同じ効果がある。例えば、fとgがともに状態関数であれば、f+gという状態も可能である。観測で実現する確率は（f+g）の二乗に比例するのである。シュレーディンガーは、猫が生きている状態をf、死んでいる状態をgとすれば、状態f+gは一体何なのかという疑問を提出した。これはシュレーディンガーの猫のパラドックスという。二重スリットを電子が通過して、背後のスクリーンのどこに当たるかという実験を考えよう。一個の電子のスクリーンへの到着確率は、左のスリットを通った状態関数と右のスリットを通った状態関数の重ね合わせで表されるので干渉が見られる。しかし、いずれのスリットを通過したかを確かめる装置を置くと干渉は消えてしまう。干渉はあくまでも一個一個の電子が二つの穴を同時に通ったとせねばならない。

電子による干渉実験

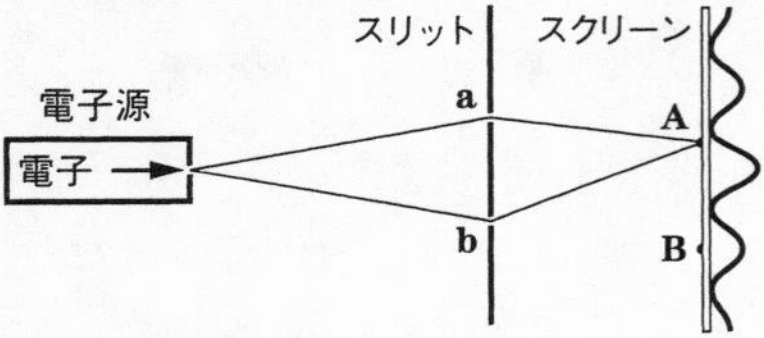

電子源から出た電子は、二つのスリットを通過してスクリーン上に干渉縞をつくる。これは、各電子が各々両方のスリットを通過したと解釈することでのみ説明できる。

物理的実在

量子論は原子の世界という目に見えないミクロの現象を対象にして始まった。そして、光子や電子の波動－粒子二重性、光放射や原子核崩壊の確率過程などに因果律の凋落《ちょうらく》の兆候を見ていたが、量子力学の完成でその傾向は確定的になった。ここに物理学の対象と力学法則の根幹に関わる次のような疑問が浮かび上がってきた。

実在性……人間がそのものを観測したりしなくても、この物質世界には原子や電子や光子が存在するという観念である。我々はその実在を発見したのであるし、人間が気付かずとも世界はこのような姿で存在するという考えである。

理解可能性……人間と独立に実在するこの物理的世界を、人間は原理的に理解可能であるという観念である。歴史的、弁証法的にその理解は進行し、未だ完全ではないが、実在の法則性を科学は解き明かしていけるというものである。

因果律……法則性とは原因と結果の関連であり、その間の関係が因果律である。原因を統御することで結果を制御できるというのが技術の基礎である。神が創造した宇宙であるなら、統制はいたるところに行き渡っているはずである。

こうした項目のさらなる解釈の差にもよるが、量子力学はこれらの三つの古典物理の論点の崩壊を示唆していることは明らかである。少なくとも、素朴な形式では成立していないことは歴然としている。

8　ミッテルユオロッパ

「黄金の二〇年代」

ここで触れておきたいことは、量子力学形成の時代において、物理学者を取り巻いていた文化的雰囲気である。量子力学の創造劇に携わったのはハイゼンベルク、シュレーディンガー、ドイツのマックス・ボルン、エルンスト・パスカル・ヨルダン達で、その周りで批判と討論で関わったのはボーア、アインシュタイン、ド・ブローイ、オーストリアのパウル・エーレンフェスト、スイスのウォルフガング・パウリ達である。彼らはドイツ語圏である中部ヨーロッパ、いわゆるミッテルユオロッパの一握りの集団である。例外はイギリスのポール・ディラックぐらいである。

大戦の敗戦国として帝政が崩壊、過酷なベルサイユ条約の賠償を押しつけられて、放心状態から出発したドイツのワイマール共和制は不安定であったが、実験的で解放的な雰囲気を醸成した。綱渡りで保たれた共和制も、二九年のアメリカでの景気後退の影響をまともに受け、国民の不満を組織したナチスが三三年に政権を手にして崩壊する。

しかし、束の間のこの時期、「ヨーロッパ史上、これほど教育高く、文化的に目覚めた国民はいなかったし、諸種のイデオロギーの葛藤がこれほど激しかったこともなかった。ワイマール体制のドイツは、全ての価値が検討に付され、これまで人類の思想がその養分を吸いとってきた生きた根が掘り出された状況を観察するのに、まず理想的な実験室的条件をそなえていた」（S・ヒューズ）。

ドイツ文化史で「黄金の二〇年代」と呼ばれる百家争鳴の時代であった。

こうした一般的な風潮の中で、若い研究者に従来の物理学者を支配していた素朴な実在性・理解可能性・因果律を打破しようとする風潮があったことは無視できない。ボルンの妻は典型的なワイマール文化に染まっていた人であったという。

科学主義から新実証主義

十九世紀における科学と技術の成功は、楽観的な科学万能主義の横行とそれへの反動を喚起した。だが、科学主義は人間的諸現象についての研究、すなわち感覚、心理、言語、経済、歴史についての学問も物理学を模範とし、実証的な個別学問として哲学から独立するのを促した。しかし、こうした新たな対象への自然科学的な方法の模倣には無理があり、科学の手法やその記述するものの意味をめぐる議論が喚起された。エルンスト・マッハ、フランスのアンリ・ポワンカレ、ピエール・デュエムなどはそこで物理学自体の省察をも行った。カント、ヘーゲル、マルクスと連なるドイツ哲学の中で、新たな一つの潮流は経験や現象を基礎に学問を構成する現象学、新実証主義、経験批判論などの試みであった。当時のオーストリアで活躍したマッハは物理学者として功成り名を遂げて貴族院議員になったような人物だが、二十世紀を震撼させた思想家でもあった。彼は『感覚の分析』(一八八五年)において感覚機能の複合体、つまり現象だけを実在とし、科学を現象相互の関数関係の記述であると規定した。「感覚」は必ずしも生理的な感覚器官だけでなく、実験装置での観測にまで拡張されたとしても、いったんこの立場に立てば物理理論の中にある多くの概念は形而上学的な架空のものとなり、実在性のイメージが大きく変わる。こうした思想はさらに分析科学哲学、論理実証主義などを経由して、英米哲学の言語論的転回へと連なっていった。

マッハ原理

二十世紀の物理学者の間では、マッハは原子を否定した人物のレッテルが貼られている。しかし、ロシアの革命家レーニンはマッハの相対主義の影響を恐れて『唯物論と経験批判論』を書いたほどであり、そこには頓馬《とんま》な物理学者ではつかみ切れない、現代的で深刻な問題を提供している。

古典物理での多くの彼の業績とは別に、現代物理学に関わるマッハの話が二つある。一つはアインシュタインが相対論創造で影響を受けたという「慣性系のマッハ原理」、もう一つは「直接感覚に訴えない存在」としての原子の否定である。『力学の批判的発展史』で展開した慣性系の物質的起源を示唆したマッハ原理は、一般相対論に連なるものである。一方は現実を大きく超越した議論であり、他方は数年すれば明確になるようなことを頑《かたくな》に飛躍しない精神である。この二つがマッハにおいて統一されていたのである。

「神はサイコロ遊びをしない」

物理学者としての名声も手伝って、マッハ哲学の影響はミッテルユオロッパ物理学界では大きかった。アインシュタイン自身が自伝で書いているように、絶対的な存在を形而上学的

第五回ソルベー会議（1927年、ブリュッセルにて開催）　ローレンツ、プランク、キュリーなどの旧世代、アインシュタイン、ラザフォード、ボーアなどの次世代、ハイゼンベルク、ド・ブローイ、シュレーディンガー、ディラックなどの新世代が顔をそろえている。

なものとして排除する批判考察は、相対論の発見に役立った。また、ハイゼンベルクが量子力学の数学的理論を構成する際にも、この哲学は指針とされた。一方、前期量子論から量子力学の確立までゴッドファーザーの役目を果たしたボーアも、素朴な実在論批判を行って、古典物理からの乖離《かいり》が量子物理でいかに巨大であるかを強調した。

この時期、マッハ哲学が理論形成とその解釈に与えた影響は明白であった。特に、量子力学での実在の解釈をめぐっては、前記のような三つの論点（七三—七四頁参照）で創始者の間でも大きく考えが分かれた。素朴な実在論の放棄を強調したのはボーア、ハイゼンベルク、ボルン、ヨルダン、ディラック、パウリ達であり、実在論は物理の核心だとして理論はまだ不十分だとしたのがプランク、エーレンフェスト、アインシュタイン、シュレーディンガー、ド・ブローイであった。特に、アインシュタインは「神はサイコロ遊びをしない」というセリフで、理解可能性と因果律に背《そむ》く量子的実在への当惑を最後まで表明した。

二七年のソルベー会議（物理・化学に関する国際会議）は量子力学をめぐる意見の混迷を収拾したとされている。アインシュタインは同意しなかったが、ボーアによる対応原理とコペンハーゲン解釈という折衷的な構想で、論争は一応終焉した。「解釈」の統一がなくてもこの理論を使うには不自由せず、また量子力学が威力を発揮する場面が次々と明らかになった。したがって、「解釈」に拘泥《こうでい》することを嘲《あざけ》り笑うような状況が出現した。

第三章　物理帝国——展開

創造、展開、成熟

第一章で分けた三つの時期を、時間順に「創造」「展開」「成熟」の時代と表現しよう。「創造」の記述は、後の二つの時代と異なって、誰が述べてもだいたい一致してくる。量子力学、相対論、一般相対論という三つの柱に二十世紀の物理は載っているという言い方には少し論議があると思うが、いずれにせよ完成された理論が創造されてくるのが第一期であり、その完成点から歴史を振り返ることができる。ある意味で優勝劣敗の史観が可能だから単純である。それに比べて第二期、第三期では、互いに並列したいくつもの道を物理学は歩んでいる。そして、物理が他の科学分野や技術、社会などに対して持つさまざまな関わり方に応じてこれらの道の意義が異なり、また物理学自体の展開にとっても「課題の意義」×「達成度」で評価されるべきインパクトに優劣はつけがたくなる。いくら根源的「課題の意義」を掲げても、手がかりがなければ「達成度」はゼロとなり、何のインパクトもない。

探検と創発

二〇年代中葉での量子力学の完成後、原子から始まったミクロ世界の探査は二手に分かれた。一つは原子核から素粒子へのさらなるミクロ世界への探検であり、二つめは「物体」での原子、分子、電子、電磁波が創発（emergent）する振る舞いの精査・制御である。前者ではより高いエネルギーを常にフロントとしてきたが、後者ではより低いエネルギー（低温）が重要なフロントであった。前者は物質世界深部の新しい〝もの〟の発見を通して未知の世界に分け入った。他方、後者では原子の世界にとどまり、量子力学の〝ものの見方〟で創発する現象の解明とその制御技術を開発した。このような分化は三〇年代から芽生え、間もなく始まった第二次大戦による中断の後、五〇年代以降特に顕著になった。

物理帝国

原子世界の〝もの〟達、すなわち電子、原子核、光、放射線を手なずける一種の家畜化は、電子工業、化学工業、光工業、放射線技術、医療技術、原子力などを興隆させた。電子や電磁波（X線、光、マイクロ波など）の検出機器、アイソトープ分析、電子顕微鏡、X線や中性子による構造解析、磁気共鳴などの実験技術の確立が、工学はもとより医療、農業、資源探索などの領域における技術を革新した。さらに、原子の世界を共同で切り開いた化学はもとより、天文学、地学、生物学などの科学にも絶大な影響を与えた。原子世界にまで拡大した物質世界を前提に、各分野での研究方法の再構築が余儀なくされた。その影響は単なる研究の機器、手段や手法にとどまらず、「ミクロがマクロを支配する」という階梯《かいてい》的な世界観の浸透にもつながった。道具は確実に魂をも支配していった。五〇～六〇年代に語られた「物理帝国」という言葉が現実味を持っていたし、筆者には輝いて見えた。

社会を革新する物理精神

武谷三男《たけたにみつお》の『物理学は世界をどう変えたか』（雑誌『エコノミスト』〈毎日新聞社〉連載をまとめたもの。六一年）という本があるが、筆者はそこに満ちている「物理精神」なるものに深い感銘を覚えたのを記憶している。ここでいう物理精神とは、物理学に携わる人間の精神などという狭いものではない。それは宗教や世界観から始まって、歴史、そして工学、医学、生物の研究、さらには政治、経済、行政や経営にいたる社会の全領域を革新していく精神を指していた。

現代の物理学者から見て大いに驚くことは、物理精神で「革新していく」対象が日本の社会であり、そのことが武谷にとっても、また当時の読者にとっても自明の理であったことである。物理を志すのは「面白さ」ではなく「使命」である。現在、物理学を志す若者の心情に日本の社会を「革新していく」などという意欲があるとは思えない。ましてや、それを、素粒子論を推し進める精神と結合させている者はいないであろう。確かに、帝国の黄昏《たそがれ》を痛感させる。

体系と進歩の見方

物理帝国に現実味を与えた力強さの根拠は、ミクロの世界を制御可能な世界に引き入れたことである。ミクロ世界の開拓で出会った〝珍獣〟達を次々と家畜化し、次の開拓に役立てた。確かに、有用な材料物質を開発したりするには個別の経験的知識も必要であるが、二十世紀に急進展した技術では原子と量子力学に基づく知識や理論が重要な役目を果たした。それなしの試行錯誤と経験的知識だけでは、ここまでの究極的な改良や量産の技術は不可能であっただろう。

帝国主義的な浸透力と、冒険に満ちた新世界への探検にもかかわらず、十九世紀末の「思わぬ発見」のような、二十世紀の第一期に創造された物理学の体系を揺るがすほどの事態は未だ起こっていない。次々に新たな現象を発見しながらも、そのたびに量子力学の奥の深さを悟らされる結果に終わっている。その点では、原子核から素粒子への道でも同様であった。後に述べるように、五〇年代から六〇年代にかけて素粒子の新世界では「逸脱が不可避」と考えられた時期もあったが、結局革命は不発に終わった。

こう言うと、物理学には大した進歩がなかったように聞こえるかもしれない。確かに、進歩の姿を一次元的にしか想像できないなら、「三本柱」のような普遍性の高い理論は進歩を阻《はば》む障害物に見えてくる。「進歩」をどう描くかは第二期〜第三期では自明でなくなる。いずれにせよ、各世界独自の新しい構成部品の発見を通じて量子力学や相対論の新しい使い方を開発してきたと言える。このように、「拡大する世界」と逸脱を許さない「不変な体系」という多元構造は、二十世紀の物理学の概観では銘記しておくべきことである。

1　原子と周期律表

電子の雲

量子力学の完成後、さっそく手が付けられたのは原子である。そこで多くの量子の言葉が作られた。我々は古典物理の概念には還元できない、すなわち翻訳不可能な言語に慣れなければならない。これを自分の直観や既存の知識で「わからない」「理解できない」とだだをこねても得するものはない。外国語を学ぶようなものである。それも外国語の辞書のように羅列的に長くなる。

量子力学で見た原子内の電子の状態関数は、電子の雲としてイメージされる。点粒子がグルグル公転しているというイメージではなく、時間的に一定な雲が原子核の周りに立ち込めていると捉えるのである。そして、状態関数の振幅の空間分布が電子の存在確率を表すし、原子の内部とはこの確率分布の高い領域を指す。こうした電子の場所の不確定さとは対照的に、エネルギーは確定的によく定まっている。そこで状態はエネルギーで指定するのがよく、それに応じて雲の形も変わる。

エネルギー最低の状態を基底状態と言う。中心にある核に電子が落ち込まないことは、［空間位置の不定さ］×［運動量の不定さ］が作用量子（プランク定数）以上であるという、不確定性関係で理解できる。小さく局在させれば運動量が大きくなり、電子波は原子に束縛されなくなる。原子の安定性は有限な大きさの作用量子で保証されている。

遷移確率

電子が原子の中で取り得るエネルギー準位（レベル）は飛び飛び（離散的）である。例えば、一、二、三、……というような値の準位をとるなら、一・五のような中途の値の準位はとらない。電子が準位を移動することを遷移《せんい》と言い、準位の上から下への遷移、脱励起、では普通は光の放射が見られる。遷移は途中がなく不連続的に起こり、放射がいつ起こるかは確率的にしかわからない（六一頁の図参照）。

準位差以外のエネルギーを持つ光はこの原子と作用しないから、連続スペクトルの光を原子気体に当てると、その原子特定の波長に吸収線が現われる。また、X線のようにエネルギーが十分大きいと電子が原子から飛び出す電離（イオン化）が起こり、さらにエネルギーが大きくなると、光子は電子や原子核と個別に作用する。熱放射の発光は、粒子の衝突によってある原子内の電子が上の準位に励起され、続いて自然に脱励起する際に起こる。

量子統計

電子には自転の向きを表すスピンがあり、向きが違う二つの状態があるので、電子は一つのエネルギー準位に二つずつ下から上に順々に詰まっている。電子はフェルミ・ディラック統計という量子統計に従うので、一つの状態を一個しか占められない。上の準位にある電子が下に落ちないのは、下に空いた席がないからである。すなわち、この量子統計の法則も多電子原子の安定性を保証している。電子と違って、光子は同じ状態にいくつでも座れる。この統計則をボーズ・アインシュタイン統計という。量子統計はまた、あの粒子この粒子というアイデンティティーがないことを教えている。

周期律表

原子を電子数の順に並べると、不思議なことに化学的な性質が周期的に表れる。元素は大きく典型元素と遷移元素に大別され、前者はさらにアルカリ（陽性＋《プラス》）、炭素族（両性）、ハロゲン（陰性−《マイナス》）、希ガスと分類され云々《うんぬん》といった化学的性質は準位への電子の詰まり具合で決まっている。だいたい、最後のほうに詰まる状態が、化学的性質を支配する。経験的な知識を整理して作られてきた周期律表は、原子モデル、電子の量子統計、量子力学で明快に理解されるようになった。元素原子論の量子力学による完成であった。

分子の回転・振動と水の吸収率

原子の次には原子が複数組み合わさった分子も量子力学で解かれた。今度は、正電荷のいくつかの原子核を一つの電子雲が覆っている。電子達はどちらの核に属するとも言えず、共有されている。球形から大きくずれている分子は重心の周りをグルグル回転できるし、また核同士の間隔も振動する。このように、一般に分子では電子の運動以外に回転や振動の準位が追加される。

水による電磁波の吸収率

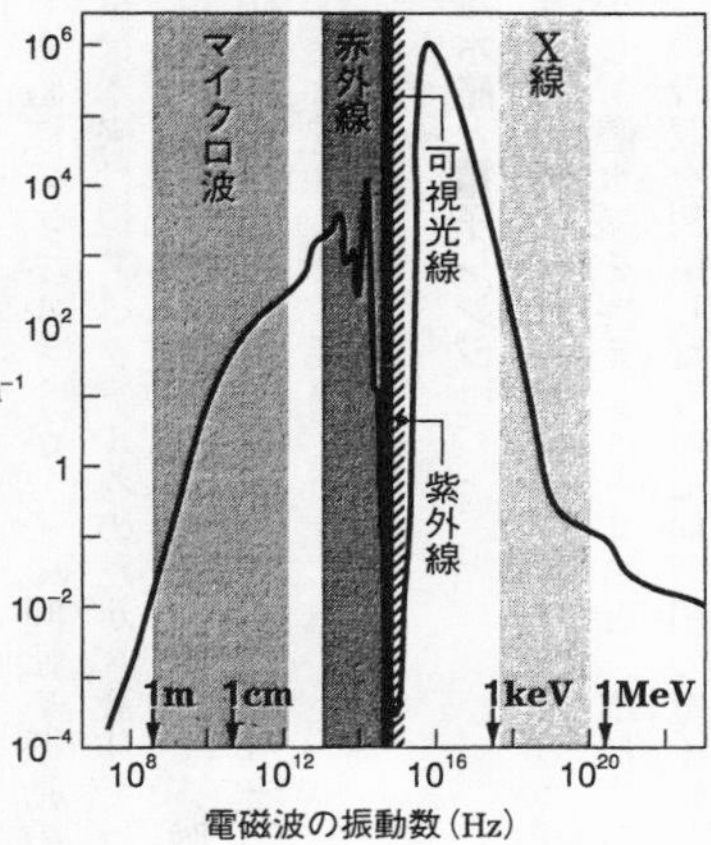

今、分子の例として水（液体）を取り、その吸収率を見てみる。上の図のようにいろいろな波長の電磁波を水に入射したときに、強度が半減するまでの距離でもって吸収率を表す。可視光の吸収は小さいが、その両側の波長域では吸収が大きい。可視光に対して水が透明なのは、吸収が小さいからである。この吸収曲線は水分子の運動で次のように理解される。まず、マイクロ波から遠赤外線に

かけては分子の回転スペクトル、そこから可視光にかけては振動スペクトルである。すなわち、電磁波のエネルギーが分子の回転や振動のエネルギーに変わるのである。回転や振動の準位は本来は線スペクトルなのだが、液体ではほとんど連続スペクトルになる。可視光ではちょうど電子状態の準位間隔が離れていて、吸収線が少なく、ほぼ透明になっている。紫外線からX線には、準位の数が多くびっしりとあって吸収が大きくなり、より高いエネルギーの光子は電離による吸収となる。

潜水艦と電子レンジ

第二次大戦中、爆撃機をレーダーでキャッチしようとマイクロ波の研究が盛んになった。しかし、潜水艦を捉えようとすると、水による吸収が大きく、断念せざるを得なかった。今日この吸収を利用したものに料理用の電子レンジがある。水はマイクロ波の吸収が大きいので、水分を含む生《なま》ものの加熱ができる。大気中の水滴がプリズムの役目をして虹ができるのも、水が透明だからである。海中にも太陽のエネルギーが届いて生物が生息できるのは、大気の窓（透明度の高い波長域）と水の窓がほぼ一致しているからなのだ。大気にオゾン層がなく紫外線の多かった太古にも、水中では紫外線やX線が遮蔽《しゃへい》されていたので生物が発生できた。このような一例を見ただけでも、原子物理は多くの自然理解の基礎となっていることがわかる。

2　物性物理

マクロな物体の物理

原子の集団は、組成や温度や密度に応じて、典型的には気体、液体、固体の相で存在する。固体でも原子が整然と結晶を組む場合や、ガラスのように非晶質のものもある。また、ゲルとか液晶とかいう中間の姿もある。分子も数個が結合したものから、ビニールやDNAのような高分子もあるし、フラーレンやカーボンナノチューブといった巨大分子、微小な固体微粒子のようなものも最近では製造できる。また、大気中のエアゾールや星間物質にも巨大分子が存在している。

マクロな物体は剛性、弾性、塑性などの力学的性質、比熱、溶解などの熱的性質、さらに電磁気的な性質はバラエティーに富んでいて、電導体、半導体、絶縁体、さらには磁性体、反磁性体、強誘電体などと分類される。マイクロ波からX線までの電磁波と物体の作用による物体の分類もある。物体表面での物理化学現象も多彩であり、力学、熱、電磁気、放射などの効果が相互に絡んだ現象を利用したセンサーは、現代社会の隅々に入り込んでいる。ともかく、目的に応じてうんざりするほどに多彩な、マクロな物体の見方がある。

帝国の基盤

トランジスター、レーザー、集積回路、シリコンチップ、超伝導、強磁性、メゾスコピックなどのハイテクとしての応用の観点から社会的に話題になることはあるが、そうでもなければこうしたもろもろの物体の物理や化学が一般の関心を引くことはあまりない。しかし、量子力学はこの場面で信じがたいほどよく働いている。かつて、量子力学の経済効果を計算した人がいたが、計算不可能なほどだろう。二十世紀末の時点では、それらの多くは工学として展開しており、物理学の視野からは外されている場合がある。しかし、「物理帝国」という呼称が登場した五〇~六〇年代を思い浮かべれば明白なように、今でも物理学の現実的基盤はそこにある。こういう分野を日本では「物性」と称していたが、最近は光自体を操る課題も含むので、物性の語感では合わなくなっている。また、物理のほうも複雑な物質を扱うようになり、化学との境も埋まりつつある。

電気抵抗の古典論

電子の電荷や質量が決まって間もない一九〇〇年頃、電気抵抗の理論が提出された。金属中をほぼ自由に運動する電子が、ある一定密度で分布しているとする。電場がかかると電子は加速されて速度を増すが、原子の間隔の数千倍ぐらい走ると衝突してそのエネルギーを金属の原子群に与え、加速がまた初めからスタートし、また衝突し、……と繰り返す。衝突による抵抗を受けながら徐々に流れていく電子の群が電流である。このとき、衝突でロスしたエネルギーが熱になる。この古典論は電気抵抗が長さや断面積でどう変わるかを説明した。

しかし、いろいろな疑問が頭をもたげる。例えば、ほぼ自由な電子（これを伝導電子と言う）の個数密度は金属を作る原子の全電子数に比べればわずかなもので、しかもその数は温度とともに増加する。また、伝導電子が数千もの原子間隔を自由に動けるのも奇妙である。外部からかけた電場の力は、原子核から受ける力に比べれば微々たるものであるはずなのに、それで運動が決まるのはおかしい。ともかく、こんな古典論が何故成功するのかが謎である。

バンド構造

この謎は量子力学ができて間もない二八年頃に明快に説明された。それによれば、固体中ではどの電子もその存在が固体全体に及んでいる。原子と原子の間の、古典的には存在が排除されている空間でも、状態関数は完全にはゼロにならず、どの準位の状態関数も連なっている。一方、固体全体にわたる電子のあり方を考えると、固体の大きさに相当した波長が取れるから、ほとんど連続的にいろいろな運動量状態が可能になる。一個の原子の際の飛び飛びの電子エネルギー準位の上にこのような全体を動き回る運動が可能になる。これは各原子の電子状態の線準位が幅を持ったバンド構造に変わることを意味する。

バンド構造

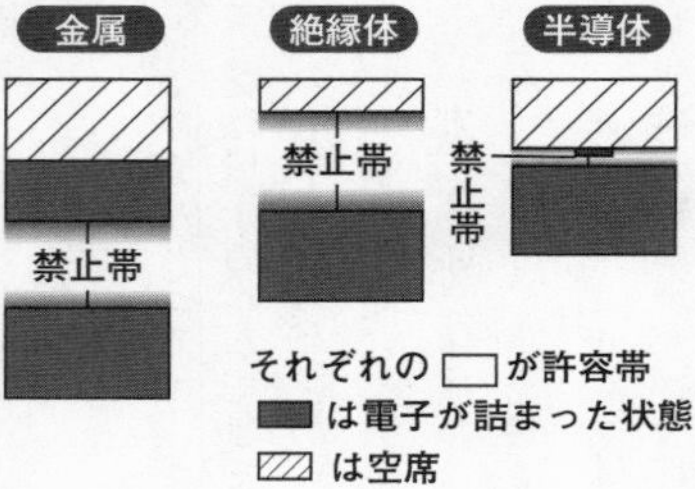

ここでもフェルミ・ディラック統計が重要になる。バンド内の各準位が全て固体全体にわたっての状態であるから、各準位には一個の電子しか入れない。だから、孤立した原子の線準位にあった原子の電子は、原子の集団では別々の準位に再配置されなければならない。こうしてバンド内の各準位に下からある準位まで電子は詰まっている。どの電子も、各原子にではなく固体全体に属しているのである。今、バラバラの状態の原子から結晶を作ったとすれば、各原子に結合した電子は、トンネル効果で染み出して相関し、全体の系のエネルギー準位へと再配置されていく。すなわちバンド構造はきわめて量子力学的な現象なのである。

絶縁体、半導体、金属

バンド構造、特に電子の詰まっている最上位の準位の様子で電気伝導の性質が説明される。図のようにエネルギーの許容帯と禁止帯（バンドの間）の間隔と電子の詰まり具合で金属、半導体、絶縁体の区別が生じる。占有準位の上限が許容帯の中にあれば金属、上限からすぐ上の許容帯までの間隔が小さい場合を半導体という。小さいとは常温のエネルギー程度という意味である。電場をかけて電子を加速すれば電子はエネルギー状態を変え、上の準位に励起される。しかし、下の準位を占める大部分の電子にとっては、遷移は不可能である。なぜなら、すぐ上の準位には他の電子がいて空席がないからだ。すぐ上に空席があるのは金属か半導体で、そして、禁止帯が大き過ぎて遷移ができなければ絶縁体となる。半導体では、固体に不純物を入れ、中二階のように禁止帯の中に新たな準位を作って、遷移を可能にさせる。

空孔《ホール》という疑似粒子

占有されていた準位から電子が出ていけば、そこに空席が生じる。すると、バンドの中でも身動きできるようになる。この様子は空席を一個の粒子と見なして考察できる。電気伝導という観点から言えば、許容帯をびっしり占有している電子群は何の役割もしないから〝存在しない〟も同然であり、視野から消していい。伝導電子が存在しないという意味で〝真空〟である。空席の発生は、伝導に寄与する正電荷の空席と電子の対発生と見なせる。この空席を空孔と呼んで、あたかも粒子のように見なせば、電子と空孔が電流のキャリアー（運び手）となる。

フェルミエネルギー

今、箱の中の電子気体を考える。ド・ブローイ波は箱の大きさの波長を最長として、その整数分の一の波長が許される。運動量は波長の逆数に比例する。こうして決まるエネルギー準位に下から電子を詰めて、箱内の全部の電子を詰めきった上限のエネルギーをフェルミエネルギーと言う。空間三方向の運動量を座標軸とする運動量空間を考えれば、フェルミ運動量の大きさを半径とする球内の運動量状態が占められている。この球の表面をフェルミ面と言う。電子の密度が高ければフェルミエネルギーは大きくなる。

今度は有限温度の気体を考えると、フェルミエネルギー辺りで占有の確率は一（一は百パーセントの意味）でなくなる。そして、温度をエネルギーに換算したぐらいの幅を持ったエネルギーの部分で確率は一からゼロになる。すなわち、フェルミ面がシャープではなく幅を持ってくる。そして、伝導のキャリアーとしてはこの幅の部分の電子と空孔だけになり、温度上昇でキャリアーの数は増える。こうして電気伝導の古典論にあった謎が説明された。

比熱、磁性などの量子論

量子力学は電気抵抗だけでなく、次々と物性の微視的理論を作っていった。結晶格子の原子間隔は完全に固定したものではなく、安定な間隔の周りで伸び縮みして微小に振動している。原子がバネで互いに結び付いているとイメージすればいい。気体の原子のように自由に飛び回ることはないが、結晶格子は全体として振動する。固体を伝わっていく音波はこの格子振動のことである。この振動の全エネルギーを計算するには、いろいろな波の振幅の分布を知らねばならない。これは量子統計のボーズ・アインシュタイン分布で与えられる。この分布は量子論のきっかけとなった黒体放射のプランク分布のことであるが、黒体放射と違って原子間隔と同程度の最小波長が存在する。原子間隔より小さい波動での振動はあり得ないから当然である。そして、これに対応したエネルギーをデバイ温度というが、これより低温では比熱が小さくなるという事実を量子論はうまく説明した。この比熱の理論も量子力学の展開に貢献した。

さらに、物体の電磁的性質として重要な誘電性や磁性が、原子集団の量子統計力学として微視的な理論から解明されていった。誘電性は正負の電荷が分極する原子の集団として、また磁性は原子の持つ小磁石の集団として模型化された。有限な温度でふらつくそれらの要素が、相互の作用で織りなす協同現象として理解されるようになったのだ。こうして、変圧器や電磁石の鉄芯の改良、また物体中での光の屈折率などの説明に成功した。

3　場の量子論

無限自由度

量子力学は初め粒子の力学として姿を現わしたが、原子と光の作用を量子力学で扱おうとすれば、ただちに電磁場の量子力学が必要になった。これがないと原子内の遷移の計算もできない。そこでさっそくこの課題に挑戦し、ハイゼンベルクとパウリが二九年に一応の理論を提出した。これが場の量子論、あるいは量子場の理論と呼ばれるものである。

場は空間に広がって分布している。空間の場所を表す座標をxとすると、場の分布は$A(x, t)$のように書ける。場所xにおける時間tの場の値がAという意味である。粒子の集団の場合には位置を示す量を$B(i, t)$と書けば、iは粒子の番号（整数）となる。個数が有限個なら、変数Bの数も有限である。それに対して、実数xは無限個の値を取るから、変数Aの数は無限個になる。すなわち、場は無限個の自由度を持つ量となる。

離散エネルギーと粒子解釈

音波や電磁場の古典理論でもそうだが、場の力学はサイン、コサイン（三角関数）のような基準となる波f_nを導入し、一般の波形Aをこれらの和（$A=\sum_n a_n f_n$）として展開する。すなわち、基準波の重ね合わせとして一般のAが表される。f_nは与えられた関数で振幅も規格化されているから、Aの情報は無限個のa_nの組みで表現できる。場の量子論は、波長で分類される振幅a_nを力学変数とする量子力学となる。

今、自由な場を考えると、a_nが作用素であることに由来して、振幅の二乗は飛び飛びの離散的な値を取り、整数値で分類される。Nを整数として、場のエネルギーは［振動数×プランク定数h］×NのようにNに比例する。このように、エネルギーがある単位の整数倍になるので、その整数を粒子の数と見なして、場を粒子の集合と読み替える。そして、振動がない状態をこの粒子の真空と見なす。これは明白な混同を承知のうえでの読み替え、すり替えをするのである。エネルギーを一個、二個と数えられることが粒子らしさなのである。空間に粒々にある粒子らしさは考慮されていない。また、粒子のアイデンティティーは当然ない。

真空と差額主義

電磁波の粒子は光子だが、一般の場についてもその場の粒子が導入される。例えば、前述の格子振動の場の粒子はフォノン（音波の量子）と呼ばれている。楽器の弦の振動の場でもフォノンを導入でき、楽器が振動していない状態はフォノンの「真空」と表現される。こういう言い換えが役に立つのは、振動〝していること〟と〝していないこと〟のエネルギー差だけに関心がある場合である。弦の存在そのものは二つの〝こと（状態）〟の間で不変だから、眼中に置かねばいいのである。どうせ、我々は全ての存在に気付いているわけではない。作用と変化を通してのみ存在と関係を持っているにすぎない。全ての〝もの〟が眼中にあると思うほうが誤っているのである。〝もの〟は〝こと〟を通してしか捉えることができないのである。したがって、関心を限定してその変化にのみ着目する差額主義を貫けば、そこにいろいろな「真空」が登場する。こういう「真空」も「粒子」も実に存在感が軽いが、いったん全ての存在がそんな軽いものだとしたうえで、ある種の「粒子」の存在感がなぜ軽くないのかの理由を理解したほうがいい。

無限大のゼロ点振動

ところが、一見お手軽だった場の量子論は奇妙な反逆に悩むことになる。量子力学では振動子に完全静止がないからである。これは不確定性関係からも理解され、このため各振動子は［振動数×プランク定数］／2のエネルギーを持つこととなる。各振動数ごとに作った預金口座に一銭も入っていなくても、最低手数料がかかるようなものだ。ここにトラブルが生じるのは、振動数の種類が無限に多いからである。振動数が無限にあるというのは、どこまでも長い波長もあれば、どこまでも短い波長もあるからである。格子振動では長いほうにも短いほうにも限界があり、有限個に収まった。だが、電磁波の場合は、空間自体が格子状であるとかしないと、この無限大は避けられない。このため、真空のエネルギーが無限大になるという奇妙な結果に導かれた。

舞台で決まる粒子の性質

二八年に、まず電子の場も電磁場並みに相対論にしたのはディラックであった。これで反粒子の存在、フェルミ・ディラック統計に従う粒子のスピンと量子統計則の関係が相対論から自然に説明された。ローレンツ変換の対称性を持つ時空という舞台は、そこにどんな粒子がいられるかを決めている。というより、舞台の性質に由来するパリティ（鏡に写す鏡像変換した像と元の像との関係）や時間反転対称性は自由場では保存されるので、粒子の場はこれらの属性を持つとされるのである。これらの物理量の起源は存在の性質ではなく、時空の対称群に由来する保存量のことなのである。どの舞台にいるかということを離れて、何か固有の属性を粒子が持っていると考えるのは誤りである。電子の反粒子である陽電子は、三二年に宇宙線の観測で発見され、ディラック電子論は完全に証明された。

ファインマン・ダイアグラム——仮想状態

粒子の作用の様子はファインマン・ダイアグラムで表される。電子と陽電子の対消滅、対生成、または光子の放出、吸収、電子散乱、電子による光子散乱を描くと図のようになる。

ファインマン・ダイアグラム

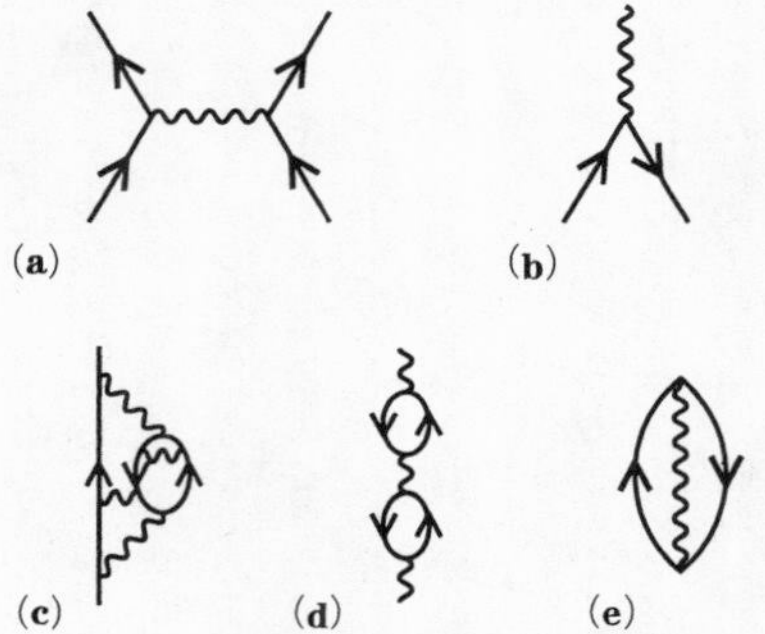

ファインマンは場の量子論で記述する粒子の相互作用をこのようなダイアグラムで図示することを考案した。実線で矢印が対になっているのは粒子とその反粒子で、線の交わるところが相互作用である。波線はこの過程で光子が生成されることを示す。aは電子同士の散乱、bは電子・陽電子消滅、cは電子の衣、dは光子の衣、eは真空偏極。

反粒子は時間を逆行する粒子と描く。しかし、現実の散乱や吸収・放出はこのグラフで尽きていない。早い話、真空自体でも仮想的に〔電子・陽電子〕対〔光子の生成・消滅〕が付きまとう。仮想的にせよ、粒子が現われることはエネルギー保存から許されないように思えるが、時間間隔の不定さとエネルギーの不定さには一種の不確定性関係があって保存しなくてもよい。

要するに、粒子A, B, ……の「真空」とは何もないのではなく、A, B, ……が生成消滅をして沸き立っている状態なのである。また、電子があればその周りには仮想粒子の衣を必ずまとっており、その衣による電荷や質量の補正を計算すると無限大になる。無限の真空偏極や自己エネルギーが生じるのである。

繰り込み理論

　戦後すぐに、この無限大の困難の回避法、すなわち繰り込み理論が発表された。朝永振一郎《ともながしんいちろう》、アメリカのジュリアン・シーモア・シュウィンガー、ファインマン、フリーマン・ジョン・ダイソン（イギリス↓アメリカ）達がそれぞれ独立に行った。これでQＥＤ（量子電磁力学）については曖昧《あいまい》さなく有限な計算ができるようになった。敗戦後の悲惨な生活の中で朝永とその協力者がこのような精緻な研究を行ったのは驚異と言えよう。当時はしかし、これは最終解決でなく、計算の一つの便法に過ぎないと受け取られた。すなわち、場の量子論には依然として根本的な欠陥があり革命が必要であると、ハイゼンベルクやディラック、そして湯川秀樹《ゆかわひでき》は考えた。その頃は、ＱＥＤ以外の素粒子の力の場は全て繰り込みできない場であった。六〇年代まで、素粒子の解明にはこの困難が関係しているかもしれないという場の量子論路線からの「逸脱の試み」があり、混乱していた。中には無限大の困難の元凶である場を形而上学的なものとして追放し、相互作用での変化の仕方を記述する散乱振幅にだけ意味を持たす新実証主義の復活もあった。

4　原子核と素粒子

元素の転換、中性子、ニュートリノ、湯川中間子

三種の放射線

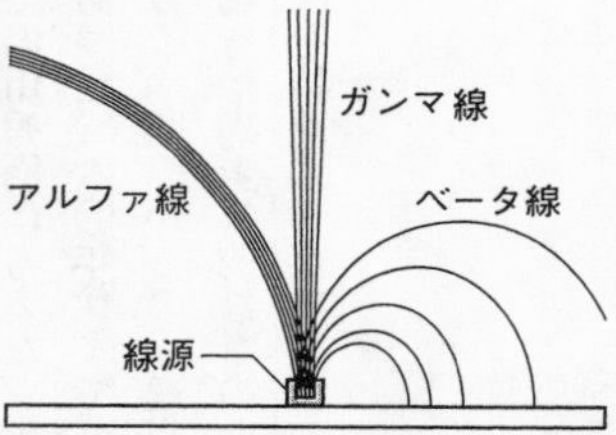

紙面垂直、手前から奥へ向かって一様な磁場があるときの各放射線の軌跡

一一年、ラザフォードによるアルファ線の散乱実験で、核は十分小さいことが示されていたから、電子の雲の問題には核の影響は少なかった。ある種の核は自然に放射線を出して崩壊する。放射線はアルファ、ベータ、ガンマ線の三種あり、その性質はキュリー夫妻の肖像を配したフランスの紙幣にも描かれている。一九年、ラザフォードはまたアルファ線で核を破壊できることも示し、まさに錬金術が目指した元素の転換が実現した。

放射線の研究はフランスとイギリスから始まったが、ドイツ、イタリア、アメリカ、日本の物理や化学の研究者も挑戦した。三二年、イギリスのジェイムズ・チャドウィックが電気的に中性の新粒子（中性子）、アメリカのハロルド・ユーリーが重水素を発見し、原子核は陽子と中性子が結び付いたものであることが明白になり、これらは核子と呼ばれるようになった。そして、今度はこの核子間結合力についての問題が浮上した。

原子核は原子より十万分の一も小さいから、そこに閉じ込められた粒子は大きなエネルギ

ーを持ち、引き留めるには強い力がいる。重力でも電気力でもない新たな力が要求される。そして三三年、中性子と真新しい場の量子論を用い、またパウリの新粒子ニュートリノの仮説をとり入れて、フェルミのベータ崩壊の理論が出される。重力、電磁力に次ぐ第三の力の導入であった。ここで日本の湯川秀樹が登場する。三五年、湯川は第四の力（核力）を導入し、それを媒介する中間子という新粒子の存在を仮定した。「中間」とは質量が電子と陽子の中間の意味である。そして、間もなく三七年にこれに似た粒子が宇宙線で発見され、湯川は世界的に名の知られる最初の日本人物理学者になった。

湯川秀樹（1907–81）

核物理と宇宙

三〇年代後半、原子核の解明は急ピッチで展開した。当初、核の問題は量子力学では手に負えないと思われていたが、二八年にソ連をでて後にアメリカに落ち着いたジョージ・ガモフらがアルファ崩壊（ヘリウム原子核が放出される放射性崩壊）をトンネル効果で説明したことは、量子力学の成功例であった。フェルミも湯川も場の量子論の路線を堅持して、新素粒子を導入する道を選んだ。そして、これらの成功は、量子力学は核や素粒子をも支配する非常に一般的な原理らしいという確信につながっていった。量子力学と相対論を道具として物質や宇宙を解明していく構図がここにできあがり、量子力学は原子の理論から脱皮した。

核物理は外に向かっても動き出した。星のエネルギーと元素起源が核融合で論じられ、星の終焉の姿としての中性子星やブラックホールに関する理論が三九年頃にはすでに全て登場していた。ガモフ、ドイツから最終的にアメリカに亡命したハンス・ベーテ、イギリスのラルフ・ファウラー、インド生まれで英、米で活躍したスブラマニヤン・チャンドラセカール、ソ連のレフ・ダヴィドヴィッチ・ランダウ、アメリカのオッペンハイマーといった理論物理学者が最新の量子論や核物理を駆使して机上で作った理論が現実に発見されてくるには、六〇年代まで待たねばならなかった。

核分裂

キュリーの娘イレーヌも夫ジョリオとともに放射性元素の探究を続け、人工的に放射性元素を作ることに成功した。こうして元素変換の反応が化学反応式のように書かれるようになっていった。

当時は、加速器ではなく自然放射線を用いて核反応を研究していた。フェルミは電気的な反発力を避けることのできる中性子によって核を照射することに着目し、パラフィンの中で減速された中性子は標的の核によく吸収されることを発見していた。こうした速度の小さい中性子を用いた核反応の研究の中で、ウランの中性子を吸収して核が真っ二つに分裂する現象が発見された。三八年秋、ドイツのオットー・ハーンとフリッツ・シュトラスマンから始まり、ナチスドイツから逃げてきたオーストリア生まれのリーゼ・マイトナーとオットー・フリッシュ、その他にイタリアやイギリスでもすぐに追試された。この一つの反応が二十世紀を揺るがすことになったのは、核分裂の際に中性子が二〜三個放出されるので、これらがまた核分裂を引き起こすという、連鎖反応につながるからである。

連鎖的核分裂を爆弾に使えるかもしれないというアイデアが瞬く間に全世界を駆けめぐった。

原爆

解放的な二〇年代のヨーロッパは、二九年、ウォール街の株の大暴落から始まる世界大恐慌で激動期に入った。生活破綻の不満を政治的に組織する過激グループが台頭し、左右対立の様相が深まった。イタリアでのファシストの台頭、ドイツでのナチスによる政権獲得（三三年）、スペインでの内戦勃発（三六年）、ヒットラーのポーランド侵攻（三九年）を経て、ヨーロッパは戦争状態に入っていった。ユダヤ系の多くの物理学者もイギリス、アメリカに亡命し、このことは戦後のアメリカにおける物理学隆盛の基礎となった。

フェルミ（1901–54）

アメリカに亡命したフェルミは連鎖反応の実現に取り組み、シカゴ大学のフットボール場観客席の下で制御された原子炉を使いそれを実現したのは、四二年十二月のことだった。この頃すでに、オッペンハイマーは原爆製造に向けてアメリカ中の物理学者を糾合《きゅうごう》した、マンハッタン計画の中心にいた。ロスアラモスの台地で、全米から集められた物理学者や技術者にロバート・ザーバーが原爆の物理の五回の連続講義を始めたのは、四三年四月のことであった。

原料と爆発装置の二つの課題があった。原料は、天然のウラニウムには一パーセントしか含まれていないアイソトープ、ウラン２３５を濃縮せねばならず、各地の研究所や工場で多くの人員を動員して行われた。原料には次いで新たに発見されたプルトニウム２３９が加わり、これは加速器や原子炉で人工的に製造された。最低どれだけの原料があれば爆発にいたるのかの推定は難しかった。特に、原料の精錬は遅々として進まず、特にウラニウムのほうは貴重なものだから実験で浪費することもできず、高度な理論的考察が要求された。

ヒロシマ・ナガサキ

ナチスはパリまで進駐し（四〇年六月）、ロンドンに空襲を始め（四〇年九月）、日本はアメリカに宣戦し（四一年十二月）、ナチスはソ連を猛攻（四二年八月）、こうした風雲急を告げる緊迫した戦況の中で、ロスアラモスにこもった科学者達は人類初の原爆を目指した。そしてついに、四五年七月十六日、最初のプルトニウム爆弾のテストが行われ、予想通りの成功を収めた。このとき、原爆製造の動機であったナチスドイツはすでに敗戦していたが、アメリカは日本との沖縄戦で多数の死傷者を出していた。急死したルーズベルト大統領の後を継いだハリー・トルーマンは日本への使用を決意し、八月六日にヒロシマにウラニウム爆弾、九日にはナガサキにプルトニウム爆弾を投下し、戦争は十五日に終わった。

広島に投下された原爆のキノコ雲

原爆投下は良きにせよ悪しきにせよ物理学の強烈なイメージを社会に植え付け、六〇年代までそれは尾を引いた。戦後約十年して、ヒロシマ、ナガサキの惨状がようやく伝わる中でそれまで支配的だった原爆のプラスイメージは次第に変貌したが、原子の図と$E=mc^2$をシンボルとしたアトミックパワーが戦後しばらくの間、二十世紀科学の輝きとして流布された。

5　物質科学の拡大

磁気共鳴、トランジスター、レーザー、アイソトープ

量子力学によれば、例えば、水素原子核の持つ磁石の方向は磁場に平行か反平行かのいずれかである。この二つの状態の遷移は決まった振動数の電磁波と共鳴して起こり、数T（テスラ）の磁場の強さではこの振動数はマイクロ波の域になる。この磁気共鳴という現象は大戦前に分子線で検出されていたが、本格的な技術は戦後に確立した。そして、共鳴の微妙な構造から固体や液体の中での原子や分子の状態を調べる検出手段となり、さらに近年イメージングの技術と結び付いて、この技術は物理、化学、生物での実験手段としてのみならず、医療検査機器で応用範囲を広げている。

電気回路の中心にあった真空管に代わるトランジスターが発明されたのは四八年だった。高速化、ミニチュア化、省エネ化、安定化など全ての機能で優れているのみならず、最大の特徴は低価格化の実現であった。二十世紀最大とも言うべきこの発明は、発光、記憶、レーザー発振、ＣＣＤ（電荷結合素子）による光量子検出、光、熱、音のセンサーなど、数限りない半導体デバイス開発の出発点であった。

原子の誘導放出を用いて、鼠算式に光子の数を増殖させる発振機構がマイクロ波で実現さ

れたのは五四年であり、六〇年頃にはそれが可視光でも実現された。このレーザー光は位相が揃った高強度の放射であり、光子の量子的凝縮状態を実現したものである。さまざまな応用とともに量子力学の原理を考察するうえで重要性が増していった。

X線による結晶構造解析の技術は、利用が広がるにつれて高度化し、こうした背景の中でアメリカのジェイムズ・ワトソンとイギリスのフランシス・クリックによるDNAの二重らせん構造が解明された。原子論は単に生物の素材にとどまらず、生物の成立自体についても発言することとなった。原子核施設の拡大は、物質循環を探る目印元素として、あるいは崩壊寿命を利用した年代測定法としてアイソトープの利用を広め、地球惑星科学、考古学、気象学、生物学、医療、農業や工業など幅広く利用された。

集団運動論

技術の拡大は固体中の電子論の研究を刺激した。バンド理論では、まだ電荷やスピンの磁石による相互作用や格子振動との作用が完全に無視されている。電子も完全に一様ではなくその分布は絶えず振動し、それによって力の場も変更を受ける。こうした多体系の量子力学による研究が本格化したのは戦後である。多体問題は固体電子論だけでなく、原子核の核子集団についても共通した問題であった。

平均的な状態を出発点にして、そこからの微小なズレを考慮していく手法が取られ、例えば、電荷密度がゼロの状態からずらしてやると、復元力が働いて中性に戻ろうとするが、行き過ぎてまた戻るというような振動状態になる。こういう運動は個々の粒子の運動の組み合わせとしてよりは、新しい集団運動と見なすのがいい。これを量子力学で扱うと整数で数えられる振幅の励起を受けるので、粒子の創生と見なせる。プラズモン、ポーラロン、マグノン、ロトンなどなどと素粒子まがいの名前の付いた準粒子や疑似粒子が現われる。

BCS理論

場の理論と同様に多体問題でも「差額主義」（九七頁参照）で記述する。電子は同電荷だから反発して結合するはずはないが、その反発しているところから測って少しでもエネルギーの低い状態が可能なら、それは結合状態と見なされる。二つの電子が分子のような系を作るのではなく、ある種の相関があってエネルギーが低いのである。

一一年に低温で発見されていた超伝導を説明する、アメリカのジョン・バーディーン（B）、レオン・ニール・クーパー（C）、ジョン・ロバート・シュリーファー（S）によるBCS理論（五七年）は、こうした電子対《つい》（クーパーペア）に着目した。このペアがボーズ粒子になってボーズ・アインシュタイン統計の凝縮を起こすことを説明した。このために粒子の真空が別なものになるという相転移が起こっている。そこでの粒子の生成には、質量を持った粒子のように有限の最低エネルギーが必要となる。このため、電流を担った粒子はチビチビとエネルギーを損失せずに走り続けるので、抵抗のない状態が実現する。

原子核模型

原子核も陽子と中性子の多体系ではあるが、その数は固体ほどに多くない。そのため、ある性質を説明するのに都合のいい、互いに矛盾するような模型によって議論されてきた。例えば、各粒子は明確な定常運動状態を持つとする殻模型、各粒子がぶつかり合いながら強く結合しているとする液滴模型などである。液滴模型では核反応の様子や核分裂がよく説明でき、殻模型では内部励起の準位がうまく説明できる。さらに、原子核は有限の大きさであるから、分子の場合のように全体としての変形や回転をする。こうした変形するシステムを多体問題の量子力学として組み立てなおす試みがなされた。このような研究は古典力学でも結構難しい、剛体や変形す

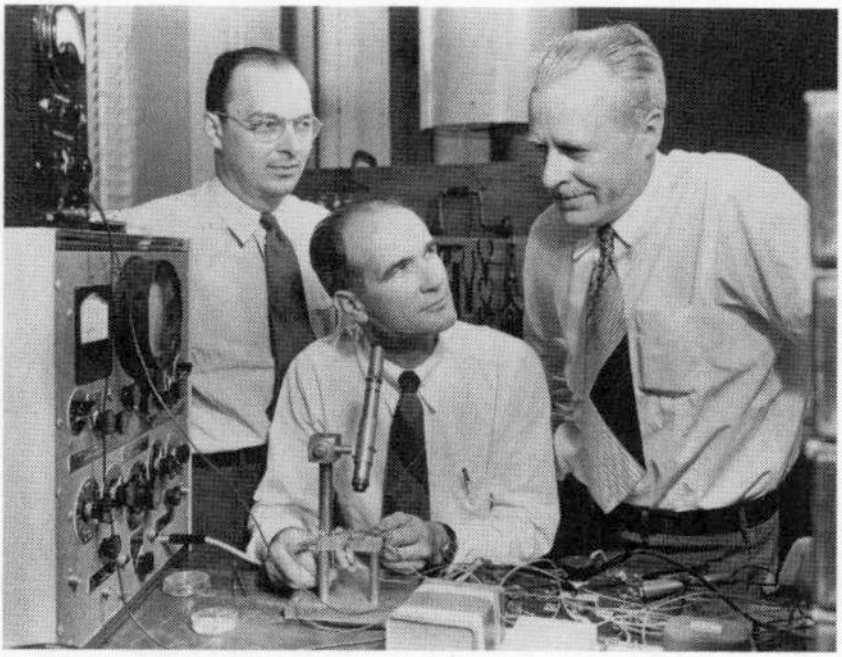

バーディーンはブラッタン、ショクリーとともにトランジスターを発明（48年）し、またノーベル物理学賞を２回受賞した。左からバーディーン(1908–91)、ショクリー（1910–89)、ブラッタン(1902–87)

る物体に関する問題の量子力学版をやっている面もある。流体力学の量子力学版である超流動の理論が難しいような側面を有している。

6　素粒子標準理論

宇宙線から加速器へ

十九世紀中葉のファラデーによる液体中のイオンの研究を受け、トムソンは気体中のイオンを課題として掲げた。古くから、雷は大電位差によって発生するものと考えられており、彼のもとからは核物理と同時に気象学や大気電気学も興った。十九世紀末の大気のイオンの研究からさまざまな探究を経て、一一年頃に宇宙から放射線がやってくることが明白になる。この宇宙線は放射性元素よりも数百倍大きなエネルギーを提供した。霧の発生の研究がチャールズ・T・R・ウィルソンの霧箱を生み、新素粒子発見に大いに活躍した。

戦争での中断はあったが、核物理は戦後すぐに力強く再開した。特に、アメリカでは原爆製造でヒーローとなった物理学者は政府に対して発言権を増し、研究施設の巨大化を可能にした。これを象徴するものが加速器の大型化である。高電圧でイオンを加速する装置から、

加速器のエネルギーの変遷

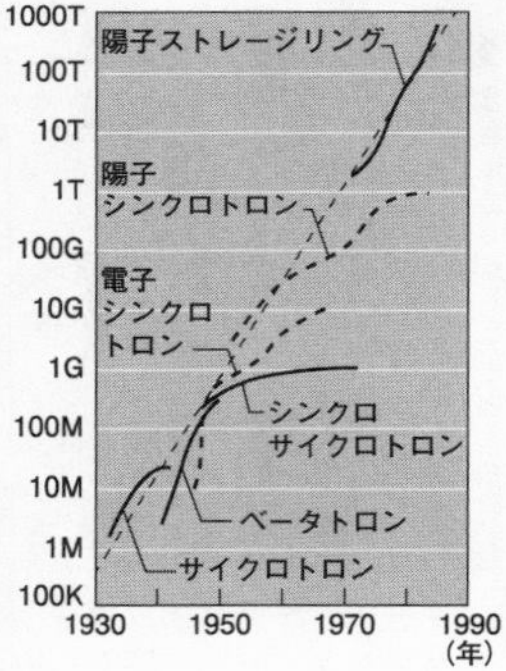

交流電場を何回も繰り返して荷電粒子を加速するサイクロトロンが、アメリカのアーネスト・ローレンスによって考案された。大戦前では加速器で得られるエネルギーは限られており、新素粒子の探索はむしろ宇宙線でなされた。戦後、加速器は国家資金の注入とシンクロトロン加速原理や磁場、そして高周波技術の進歩によって加速エネルギーを増加させていく。

巨大装置の実験へ

粒子の検出器のアイデアは実に雑多である。霧箱、泡箱のように反応の様子を写真に撮るものから、エマルジョン（感光乳剤）やプラスチックに付いた痕跡をエッチングのように浮かび上がらせるもの、高電圧の間でガスをイオン化させて放電を誘発させるもの、放射線で蛍光を出す物質からのシンチレーション光やチェレンコフ光を光電効果で集めるものなどである。実験はこうした幾種類かの検出器を何万個という膨大な数で配列するスタイルに変わっていった。加速器は宇宙線の流束とは比較にならないほど大きいから、実験で得られる反応イベント数も多くなり、こうして得られた膨大なデータの処理はコンピューターの発達によって可能となった。

大気の中で宇宙線がまれに起こす反応を高山などに出向いて探索するという野外研究型の初期の実験スタイルは、五〇年代に急速に変貌していく。〝巨大〟〝大量〟がキーワードとなり、その代価として莫大な費用、長い建設・準備期間、多くの人間の組織といった姿に変貌した。孤独な野外型研究から、本四架橋プロジェクト貫徹のような様相になったといえよう。

湯川・ローレンス型

実験規模の拡大で可能となった研究スタイルが、湯川・ローレンス型であった。暫定的に新粒子を提案して、加速器実験でそれを検証していく研究スタイルである。他方、アインシュタイン・ディラック型とでも言うべきスタイルでは、数少ない原理から演繹される存在のみに着目し、新しい役者の登場を避ける主義だった。湯川中間子は四八年に最終的に発見され、続いて新粒子の発見が相次ぎ、「素」粒子というには相応《ふさわ》しくないほどに数が増えた。整理する一つの方法は、いくつかを同じ粒子の励起状態と見なすもので、それらは共鳴粒子と呼ばれた。それでも数は大して減らず、中間子や核子などのハドロンは数少ない粒子の複合粒子とする第二の試みが始まった。

この研究では日本の研究者の貢献が大きかった。武谷の三段階論によれば、研究は現象論、実体論、本質論と展開する。当時の研究段階を坂田昌一《さかたしょういち》らは実体論と規定し、新たな実体の導入をエンカレッジした。出るべき役者が未だ全部出揃っていないという認識は的中していた。素粒子の属性、すなわち電荷、質量、バリオン数などなど、どれだけ数えあげれば尽きるのかを探り当てる探検の時期であったのだ。しかし、ハイゼンベルクや湯川は属性の数えあげ（自由度）の原理と発散の困難の解決を絡めて演繹する、アインシュタイン・ディラック型理論を目指した。中間子論以後、湯川は湯川・ローレンスの手法はとらず、アインシュタイン・ディラック型理論を目指していた。

クォーク－レプトンとゲージ原理

素粒子の数は複合模型で見事に整理された。まずバリオン数を持つクォークと持たないレプトンに分け、それらは世代とフレーバーの二つの自由度で分類する。自由度が出揃ったところで、力の理論としてのゲージ対称性が浮かび上がった。このアイデアはワイルによるもので、電磁気学の対称性に関する洞察に端を発し、五四〜五六年頃にアメリカのチェンニン（フランク）・ヤンやロバート・ミルズ、内山龍雄《うちやまりょうゆう》が拡張した。しかし、核の世界の第三、第四の力にまでこの美しい形式を適用するには、七〇年代まで待たねばならなかった。自由度の整理以外に、もう一つの要素、真空の相転移という考え方が必要であった。これは超伝導に対するBCS理論の流用で、イギリスのピーター・W・ヒッグスや南部陽一郎《なんぶよういちろう》がそれに寄与した。いろいろなコンポーネントを合わせて電磁気と弱い相互作用の具体的なモデルを作ったのは、アメリカのシェルダン・グラショー、パキスタンのアブダス・サラム、アメリカのスティーブン・ワインバーグであった。また、強い相互作用についてのゲージ理論である

レプトンとクォークの分類

		レプトン				クォーク			
		記号	粒子名	質量	スピン	記号	粒子名	質量	スピン
世代	1	ν_e	電子ニュートリノ	?	$\frac{1}{2}$	u	アップ	約0.31GeV	$\frac{1}{2}$
		e^-	電　子	0.5110MeV	$\frac{1}{2}$	d	ダウン	約0.31GeV	$\frac{1}{2}$
	2	ν_μ	ミューオン・ニュートリノ	?	$\frac{1}{2}$	c	チャーム	約1.5GeV	$\frac{1}{2}$
		μ^-	ミュー粒子(ミューオン)	105.66MeV	$\frac{1}{2}$	s	ストレンジ	約0.55GeV	$\frac{1}{2}$
	3	ν_τ	タウ・ニュートリノ	?	$\frac{1}{2}$	t	トップ	約174GeV	$\frac{1}{2}$
		τ^-	タウ粒子	1784.1MeV	$\frac{1}{2}$	b	ボトム	約5.5GeV	$\frac{1}{2}$

(質量は $1\text{MeV}=1.782677\times10^{-27}$ g と換算される)

QCD(量子色力学 quantum chromodynamics)も、新たな真空の問題を提起した。

真空相転移

理論家を混乱させるほどに〝美しくない〟現実が、〝美しい〟対称性を持つゲージ理論で記述できるのは、「対称性の破れ」という真空相転移仮定と抱き合わせにしたからである。この発想はその後の統一理論のパラダイムを形成している。すなわち、「統一」などという自然の簡明な世界は、現実にこの宇宙に実現しているのでなく、そこから現実がどうずれているかを語るための理想のフレームとしてあるのだという考え方である。その〝ズレ〟は無数の中から自発的に選択されたものであり、その段階で、この宇宙は普遍の地位から脱落するのである。

パラダイムシフト

七四年はクォーク革命の年と当時言われた。大型の加速器の完成に続くいくつかの実験で、電子をハドロンに撃ち込んでクォークを探るハドロン深部での非弾性散乱、ベータ崩壊でみられなかった弱い相互作用の中性カレント、エネルギーが高いと力が弱くなる漸近自由性などに続き、新しいクォークから成る新中間子の発見が衝撃的に世界を駆けめぐった。この発見でなぜかいっせいにクォークとレプトンのゲージ理論が当然であるかのように学界の雰囲気が組み替わった。突然のパラダイムシフトであった。ここに誰言うとなく「標準理論」という呼び名が出てきた。弱ボゾンW、Zの発見は八三年まで、トップクォークの発見は九五年までと遅れたが、誰もそれらの存在を疑う者はいなかった。真空の相転移や質量の起源を説明するヒッグス粒子の確認はまだだが、七〇年代末を境に標準理論の確認実験は半ば消化試合の様相を呈した。

7　宇宙観測の新しい波長域

エディントンの「二つの暗雲」

第二次大戦前、エディントンは物理学の新理論をよく理解していた天文学者であった。そして、一般相対論は膨張宇宙が有限の過去から始まったと結論すること、またフェルミエネルギーの圧力で支えられた白色矮星《わいせい》には上限質量があるとチャンドラセカールが証明したことを知っていた。しかし、これらの結論が彼が心酔してやまない相対論のせいであることに苛立《いらだ》っていた。ある過去から先で時間がなくなる、星の終末で無限の重力崩壊が進む。こうした結論が重大な問題を再生産することに彼は気付いていた。敬虔なキリスト教徒であった彼には、宇宙がこのような欠陥を含むとは考えられないことで、新しい物理が宇宙に投げかける「二つの暗雲」に見えた。この結論を鵜呑《うの》みにする若者に、彼は「君達は深遠なものを見落としている」と反発していた。

若い天文学者はレーダーなどの戦時研究から解放されて、自由を満喫していた。イギリスの天文学者フレッド・ホイル達は映画館に入りびたり、同じ映画が繰り返されるのにヒントを得て、いつまでも終わらない定常宇宙論を構想した。膨張宇宙の起源の謎を真新しい原子核の物理と絡めて、宇宙は一つの巨大なアトムの崩壊でできたとか、写真乾板に写し出される宇宙線粒子による多重発生に物質創生を見るといった、実験室では検証されない宇宙独特の新過程に夢を膨らませた科学者は天文学系列の人間に多かった。

ガモフのビッグバン

これに対して、宇宙過程を地上物理の応用問題として考えたのは物理学者である。星や隕石や地殻の元素組成の情報が蓄積され、化学分析のできる試料からはアイソトープ（同じ元素に属するが、中性子の数が異なるもの）組成の情報が集まってきた。これを核物理で説明する元素の起源という課題がクローズアップされた。ガモフは大戦前からこれを考察していたが、戦後間もなく、原子炉からの中性子を用いたさまざまな核の吸収断面積の規則性と、元素組成の振る舞いとが似ていることに気付く。四六年頃の話である。ガモフはここからビッグバン宇宙を構想する。現在の元素組成の原子核が、核融合と中性子の照射によって、中性子の原始物質から一気に実現すると考えたのである。その舞台として、彼は熱い初期宇宙の考えを導入したのであった。しかし、この大ぶろしきは実際に核反応過程の計算をしてみると実現不可能なことがわかり、五〇年以後はお蔵入りになった。

星と元素

ヘールが始めた大望遠鏡建設は営々と続けられて、第二次大戦後間もなくパロマ山の望遠鏡は観測を開始した。星団のＨＲ（Hertzsprung-Russell）図は主系列、巨星、白色矮星などの姿を星の一生の異なるステージと見る理論に多くの情報を提供した。星の構造と進化の理論が進み、まず水素核融合の次に起こる核反応が焦点になった。これは五五年頃、ヘリウム三個の融合で炭素になるヘリウム三体反応で解決し、また元素の起源は星の進化でほぼ説明が付くことが明白になった。ＨＲ図の星の外観の情報と、その内部で進行中の核反応との間に対応が付けられた。さらに、太陽のニュートリノも観測されて、星の中まで「丸見え」になった。天体核物理学という新分野名が盛んに語られた。

原子核の結合エネルギー

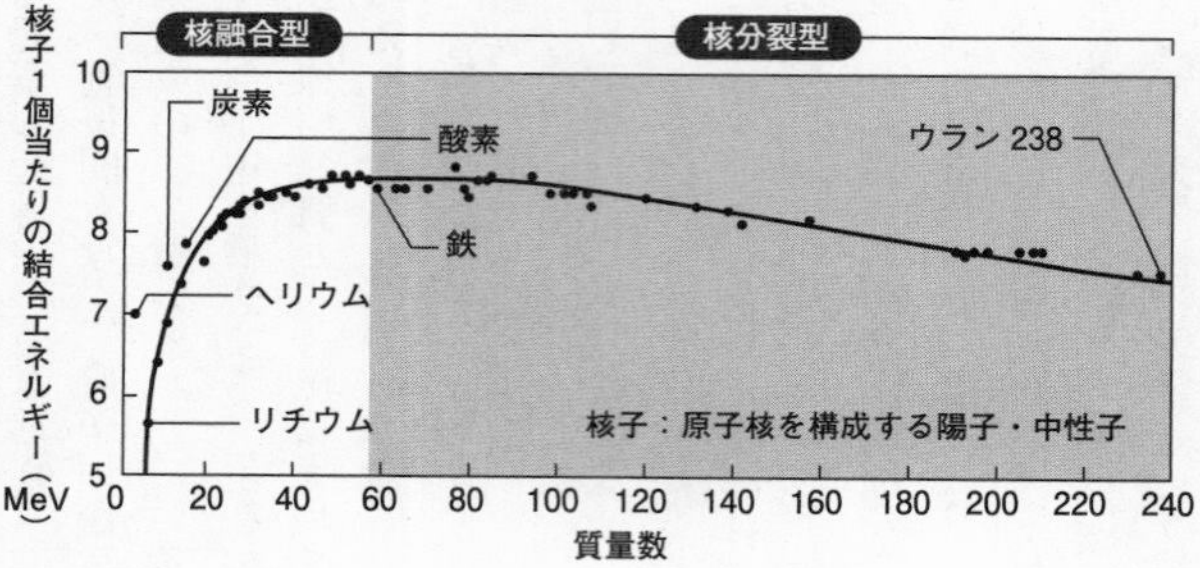

原子核の結合エネルギーは鉄の原子核で最大となる。したがって、鉄より軽い核が融合すればエネルギーが出る。しかし、星の光のエネルギーを供給する反応での元素合成はこの鉄までである。これより重い元素には別のメカニズムがいる。これは重力収縮で高密度になり、電子のフェルミエネルギーが大きくなって陽子を中性子に変え、それが鉄周辺の核に照射されて重い元素ができるメカニズムである。だから、核分裂を用いる現在の原子力発電は、星の重力エネルギーの缶詰めを開けているのだとも言える。このウラニウムなどをつくる天体現象が超新星爆発や中性子星の形成と関係している。

発見の時代

六〇年代から七〇年代初めにかけては、このように理論的予言が次々と観測で発見されていくという実にダイナミックな時期だった。高度化した電波天文はクエーサー（六三年）やパルサー（六七年）、人工衛星で可能になったX線天文は近接連星系のコンパクト（六九年）を、そして情報化時代の幕開けであった通信衛星とマイクロ波技術が宇宙背景放射（六五年）を発見した。膨張宇宙初期における火の玉の残光の発見は、星の宇宙にも空間自体にも始まりがある証拠となった。ブラックホールも含めて、エディントンが恐れていた「二つの暗雲」はいずれも事実となった。こうして、核に代わって重力と時空が、次の宇宙の課題として登場した。

ブラックホール時空

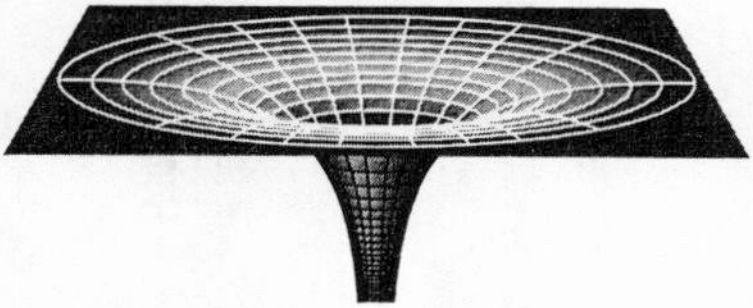

ブラックホールの周りの空間は大きく曲げられている。

異常な天体探し

悠久の時を感じさせる可視光の星の姿は、トンネル効果で核反応の暴走を抑えているために実現している。星の形成や終末は短い時間で起こるので、ある時刻で見れば少数なのである。ほとんどの人は結婚式を挙げるが、ある日に式を挙げている人間の数は限られる。同じように、文字通り星の数ほどある天体からこういう特殊な段階の天体を拾い出すには、可視光以外の放射で輝く天体を探査すればいい。こうして見つけた例外天体を可視光で観測することによってさらに多くの情報が得られる。このため、従来からの天文学の役目はますます重要になっている。原子の多様なレベル構造からくる情報は、可視光に集中している。

スペース科学

ロケット技術で六〇年代に急激に勃興したスペース科学は、まず地球大気の宇宙へのつながり方を明らかにしていった。地球が太陽から吹き出す太陽風に吹きさらされている様子も見えてきた。吹き出される物質は電離した気体、すなわちプラズマであり、地磁気に遮蔽されて地球を迂回《うかい》している。このように、太陽は可視光以外にもX線などを放射しており、地球の上空にはそれらを遮蔽するさまざまな仕組みがあることもわかってきた。太陽コロナ、黒点周期、電離層、放射能帯、オーロラ、磁気嵐などの太陽〜地球間物理が前進した。近年、通信衛星などの利用が進み、スペースは社会インフラストラクチャーを配備する空間になりつつあり、その保全が課題になってくる。農業が気象学を、また漁業や海軍が海洋学を育てたような関係が、この科学の将来には待っているのかもしれない。

プラズマ物理

スペース科学と同様に、六〇年代、核融合というエネルギー開発と結び付いてプラズマの物理学が大きくクローズアップされた。筆者もその一人であるが、その頃、多くの研究者がこの新しい物理の分野に飛び込んだ。しかし、磁場でプラズマを閉じ込める核融合は予想以上に達成が難しく、その巨大化した研究プロジェクトの行く末に悩んでいる。スペース科学も地球惑星科学となり、現在では物理学の課題とは見なされなくなった。また、理論的に見れば、プラズマ物理の課題の多くは流体力学などに共通する非線形の問題であると見ることができ、第三期において見直されるが、プラズマ独自の問題は次第に希薄になってきたように思われる。また近年、高輝度のレーザーで生成されるプラズマの制御で、加速器などの新たな技術を開く可能性も指摘されている。しかし、かつて物理学の新花形分野ともてはやされた当時を思い起こすと、見通しの難しさが痛感される。

8　冷戦と物理学

核の帝国

四五年、第二次大戦が終わり、オッペンハイマーは国民的英雄となり、科学力で国家に貢献した他の科学者もそのまま政府への有力な影響力を維持した。物理学者の一部は核エネルギーの国際管理を提案するなどの先見の明を発揮したが、戦後間もなく明確になった冷戦体制の中では、現実への深入りは同時に物理学者を次々と政治に巻き込むにいたった。四九年にソ連が原爆を保有し、米ソはさらに強力な水素爆弾の開発に向かった。五四年には、ビキニ環礁実験で日本の漁船が被曝し、放射能「死の灰」への恐怖が大衆の前に姿を現わした。

核独占が破られ、また中国に共産政権が成立した状況は、アメリカ国内に防共のパニック的雰囲気を生んだ。そうした中で、水爆開発に消極的な姿勢を見せたオッペンハイマーは、反共マッカーシー旋風（五〇～五四年）の恰好の餌食《えじき》にされた。この科学界最高権力者の失権をめぐって、有力な物理学者が推進派と反対派に分かれて争い、気まずい傷跡をアメリカ物理学界に残した。

愚行としての原爆へ

原爆を人類を滅亡させる恐怖の装置と考えるようになったのは、戦後十年ほどしてからである。被曝の惨劇は厳然としてあったが、多くの人々にとっては、大戦で自ら経験した参戦や空襲の悲惨さの実感が情報による原爆の認識を上回っていた。さらに、日本に進駐した占領軍は巧みな検閲制度によって原爆の惨劇を社会から見えなくしていた。このように、陰に置かれた状況の中で、被曝体験を人類的課題に持っていった作家などの行動を日本人は誇りにすべきだと思う。「科学技術の快挙」から「人類の愚行」へと原爆のイメージは逆転ストーリーのドラマのように変貌していった。

この背景には、五〇年代中頃から激化した大気中での原水爆の実験が、まず直接的に人々を放射線災害の恐怖におとしいれたことがある。そして次に、七〇年代に増大する核弾頭を組み合わせたミサイルの大量配備によって人類全滅の恐怖を現実のものにした。ソ連は大陸

アメリカ物理学会会員数（APS資料による）

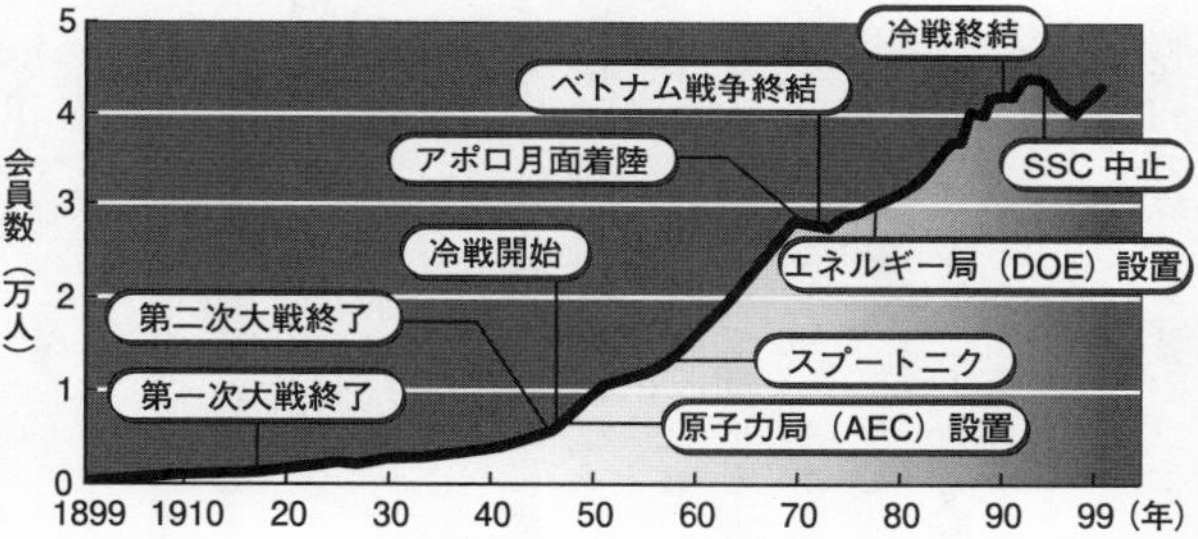

間弾道ミサイルを五七年八月に、人工衛星スプートニクの打ち上げを十月に成功させ、アメリカに一歩先んじた。六〇年代には部分的核実験停止条約が成立したが、イギリス、フランス、中国が新たに原水爆を保有し、米ソは地下核実験を続行するなど、大量の核戦力を世界中に配備していった。現実の政治では巨大化した核兵器は実際には使用できない兵器であり、むしろ「戦争の抑止力として平和に寄与している」という説がまかり通った。

スターリン死去（五三年）後の「雪どけ」の中で、イギリスのバートランド・アーサー・ウィリアム・ラッセル、アインシュタイン、湯川らは核兵器の人類的脅威に警告を発し、五七年には核の国際管理や科学者の社会的責任を課題としてパグウォッシュ会議運動が発足し、その後粘り強く世界世論を喚起してきた。

対抗文化

五七年のスプートニクショックがアメリカの理工系ブームに火を点け、それが物理帝国の血となりその可能性を開花させた。六一年、ケネディ大統領が打ち出した月面着陸を目指すアポロ計画も追い風であった。しかし、それが成功した六九年、アメリカはベトナム戦争の泥沼の中にあった。西側諸国での大学紛争は学問の価値観を震撼させ、オイルショックが経済の高度成長の神話を打ち砕いた。七〇年代、人々の目は進歩主義から公害・環境破壊に向き、『沈黙の春』（レイチェル・カーソン〈アメリカ〉）や『成長の限界』（ローマクラブ報告、七二年）の警告が次第に実感を持ってきた。

物理学や化学が可能にしてきた科学技術への批判が文化世界の前面に出てきた。遺伝子組み換え技術が登場してバイオブームが始動すると同時に、分子生物学とは対極的な動物行動学者がノーベル賞を受賞して脚光を浴びた。物理の要素還元主義をエコロジーに対比させて批判する風潮も強まった。物理帝国の精神を批判するホーリズムや非階梯自然観、オリエンタリズムや神秘主義、さらに自己形成やゆらぎ・偶然といった物理概念も強調され、それまでの物理学のイメージとしてあった法則の強い支配から逃れようとする対抗文化の潮流が跋《ばっ》扈《こ》した。

冷戦体制の終結と核のツケ

八〇年代に入り、イギリスやアメリカなどに登場した新保守政権はソ連への核包囲網を強化するため、ミサイルをドイツに配備しようとしたのを契機に、反核と環境が結び付いた運動がヨーロッパで高揚した。恐怖のバランス論に翻弄されたレーガン政権は、宇宙空間を戦場にしたSDI（戦略防衛構想）を打ち出し、宇宙・情報技術、レーザーやビーム技術の開発を目指した。東欧から始まった民主化の運動がソ連圏の政治体制を揺さぶり、経済的疲弊も原因して、ベルリンの壁崩壊（八九年）を経て、九一年にはソ連の共産政権は瓦解《がかい》した。

原子力の神話もスリーマイル島発電所（七九年）やチェルノブイリ発電所（八六年）の事故で完全に崩壊した。チェルノブイリの事故はソ連体制の機能麻痺を露呈し、瓦解に拍車をかけた。米ソ両国は膨大な核装備を持ったまま残り、またその廃棄には巨額の資金が必要であるという大きなツケを残した。冷戦が終焉しても平和な世界が実現したわけではないが、科学技術の側面から見ると必要な兵器、防衛技術、人材などは明確に変化した。

純粋科学の牽引車

核弾頭とミサイル網を結び付けた大量破壊兵器の開発が、宇宙開発と並んで東西両体制の政治的・文化的優位を誇示する象徴となっていた。これはその背後にある科学技術のレベルのショウウィンドーであると見る観念が、半世紀近く世界を支配したからである。この状況は、あえて拒まないなら、国民の期待と豊富な研究資源で純粋研究のサイズを大きくするのに役立った。日本のように両覇権国家の研究体制とは違っていても、世界の純粋科学研究全体をこうした覇権と威信を競う国が引っ張り、学界全体がそれによって拡大した純粋科学に参加したのである。戦後半世紀の物理学を引っ張ったこの牽引車の交代が起こっているという時代認識は重要である。

第四章　物理のデザイン――成熟

理論物理

ゲーデルを持ち出すこともないが、一般に自己言及は奇妙な矛盾をもたらす。物理学者が物理学の歴史を語るのは無理なのかもしれない。政治家の書いた自慢話を誰も客観的と思わないように。第一章で述べたこの難しさは、第四章を描くときに特に当てはまる。また、一般に歴史は、その時代の輪郭が浮き立つほどに遠方に行かないと見えてこないから、二重の意味で困難である。

前章の冒頭では、筆者が六〇年に大学院に入って物理学で人生を歩もうと決心した頃の「物理帝国」の雰囲気に触れたが、それからしばらくは自分の研究に打ち込み、他の分野へ目を向ける余裕もなかった。物理学の中で自分の位置に関心を持ったのは、この第三期、七〇年代の中頃からである。

かつて、素粒子から物性までカバーする理論物理学というあるべき姿が、現実味を持つ時期があった。戦後、日本での最初の国際会議は五三年の「理論物理学」の会議であった。日本人として初のノーベル賞受賞を記念して京都大学に設立された基礎物理学研究所に、湯川はこれを具現しようとしていた。筆者が大学院に入った頃から約二十年間、そこが筆者の活動の場だった。また、湯川が戦後創刊した『Progress of Theoretical Physics』（理論物理の進歩）という欧文学術誌の編集に関わることになり、三十年近く経ってしまった。長い歴史を持つ『理化学辞典』（岩波書店）の第五版からは久保亮五《くぼりょうご》の推挙で編者の一人になった。こうして、多くの耳学問の機会に恵まれた。

もう一つ、筆者が専門としてきた宇宙物理という分野はさまざまな物理分野の「ごった煮の雑食型」であるから、浅く広い知識が必要だった。アメリカの学部教育では物理の学習には宇宙物理のテーマがいいという評判があるくらいである。しかし、広く物理学の動向を眺められるキャリアを歩んできたといっても、それらを見る視点はどんどん、よく言えばユニークに、悪く言えば偏《かたよ》ってくる。したがって、あまり偏らないようにするという本書の趣旨も、この章では若干緩和する。

時代の拘束性

表面の多彩な繁栄と内部を貫く簡明な体系を見ることの重要性と同時に、二十世紀の物理学の展開を左右した外的諸要因を認識しておくことも大事である。双方の要因を批判的に分析しないと、単なる外的要因で実現した、いびつで不格好な姿を内的要因に根ざすものと錯覚するからである。こうした外的要因には、第二次大戦とその後半世紀にわたって続いた冷戦体制、大衆が製品を大量に購入する工業化社会、伝統的地域社会の崩壊と交流のグローバル化を背景にした情報化社会の勃興があった。

大戦と冷戦でのレーダー、原水爆、弾道ミサイルだけでなく、人々の生活の変貌はトランジスター、集積回路、コンピューター、レーザー、半導体デバイスなどの工業を伸張させ、そこで開発された製作技術がまた素粒子や宇宙などの純粋研究を可能にした。また九一年の冷戦終結までは、米ソ両雄は物理学でも指導的な地位にあり、最先端の研究を国威をかけて競い合った。どのような純粋研究も真空に育つのではない。覇権国家での強い結び付きを通して、純粋研究の国際学界も間接的に時代の拘束を受けていたのである。だから、時代に拘束されて不格好に成長しているかもしれない。

逆に産業もまた物理学進展の拘束の中にあった。情報通信ビジネスは電磁気学の電信から始まり、真空管で電子を操る時代を経て、

通信移送速度の変遷

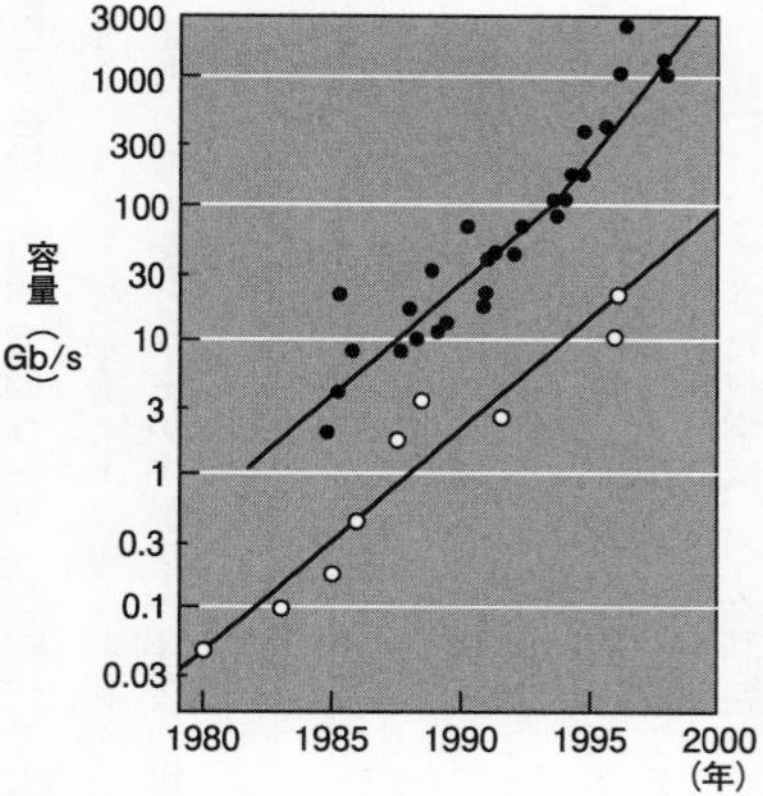

グラフは光ファイバーによる通信移送速度の変遷で、黒印は実験段階、白印は実用段階のもの。

固体電子を量子力学で扱うシリコン時代で大衆化し、マイクロ波と宇宙技術の合体で飛躍的に伸張した。そして現在、レーザー技術の発展で光通信の時代に向かいつつある。この情報移送能力の増大をどう生かすか？　社会の新しい姿が求められる。

時代乖離

時代の拘束を受けることの逆は、科学の進行が時代の関心からずれてくることである。科学には固有な進展の道があると考えられるから、如何に時代から乖離するかと頑張るということはよくある。六〇年代までの大きな発見に関して、理論的予言から実験までの時間をみると、五〜六年である場合が多く、長くても十年である。それ以上の場合は継続して追究してきたというよりは、他の領域での技術の進歩の過程で偶然に発見されている。もともと進歩を売り物にしてきた科学は、年々話題を更新するぐらいの軽快さを持っていた。ある個人にとっては長い年月の結果でも、表舞台から見れば不意に現われ、また素早く主役が交代していく。こういう軽快さが標準理論以降の素粒子物理や宇宙研究には欠けてきたように思う。分野全体から十年も二十年も結果の出ない同じ課題を、単に店晒《たなざら》しになっているからこそ何遍も聞かされるというのでは白けてしまう。時代の拘束を受けないのもいいが、時代から乖離しない工夫も必要になっている。

「社会構造物」

近年、物理学のような体系のがっちりした科学をも「社会構造物」と見なすことをめぐり、論争がある。物理の内容が時代に拘束されているという言われ方に、科学者は猛反発している。ただし、この論争では専門家集団が共有する「時代」に局限した議論が多く、不毛である。確かに、具体的法則が浮き世の変動で変わるわけではないが、何に熱中するかは左右される。また、あれこれの研究領域の描かれ方が時代の拘束を受けるのは確かである。その意味では、物理学の内的な可能性を開花させてくれるのは、所詮は時代の拘束性と言えよう。時代から隔離するよりは精一杯に開いておくことが必要である。

少数の権力者や科学者、大工場や軍事のための科学技術と家庭電化、個人情報化の大量消費の経済体制が育てた科学技術に差が生じた。このことは、社会主義と資本主義の差として二十世紀に実験ずみである。ソ連時代末期、モスクワの研究所の日常に接して驚いたことの一つは、複写《コピー》という行為が厳重に管理されていることだった。確かに、革命当時には印刷複写は大衆運動のツールであり政治的行為であった。そして、反体制運動の芽をつむためにこのツールの管理を強め、その後その位置付けで来てしまったのである。情報機器なども含め、家庭への売り込みに必死になった社会とは正反対である。

1　アインシュタイン生誕百年

「報われなかったアインシュタインの夢」

七九年はアインシュタイン生誕百年記念の年であった。さすがアインシュタインで、さまざまな記念行事が世界中で行われ、筆者もいくつかに参加した。イタリア・トリエステの国際理論物理センターで開催された「生誕百年記念ＭＧ国際会議」の開会式での〝あいさつ〟では二二年の日本訪問の話題にも触れた。この会議出席中に、朝永振一郎の死亡の電報が入り、全員で黙禱しながら時代が変わっていくのを感じた。

二十世紀の始まりが物理学の転換期と偶然に一致したが、この生誕百年もなぜか絶妙なタイミングで訪れた。一般相対論がブラックホールやビッグバンなどで活況を呈していたし、それ以上に素粒子相互作用の統一理論の達成が、報われなかったアインシュタインの夢の実現を彷彿させていた。宇宙と素粒子、時空と物質、対称性と幾何といったキーワードで語られる物理学で、サークルがついに閉じたような興奮に包まれた。あれから二十年の年月が流れた時点で思ったことは、方向はいいが、達成される時間のスケールは思ったより長そうだということである。

「報われなかったアインシュタインの夢」には説明がいるだろう。量子力学のコペンハーゲン解釈が定着した二七年のソルベー会議以後、「量子力学は完成途上である」とするアインシュタインは少数派になった。一方、ナチスによる攻撃が強まり、三〇年に出国してからは二度とドイツに戻らず、三三年以後はアメリカのプリンストンの研究所に落ち着き、五五年に亡くなるまでほとんど外に出ずに隠遁《いんとん》状態に入った。学界で活発になる原子核や素粒子の研究にはタッチせず、ひたすら数学を頼りに力の統一理論に集中し、晩年まで計算をしていた。

サークルを閉じる

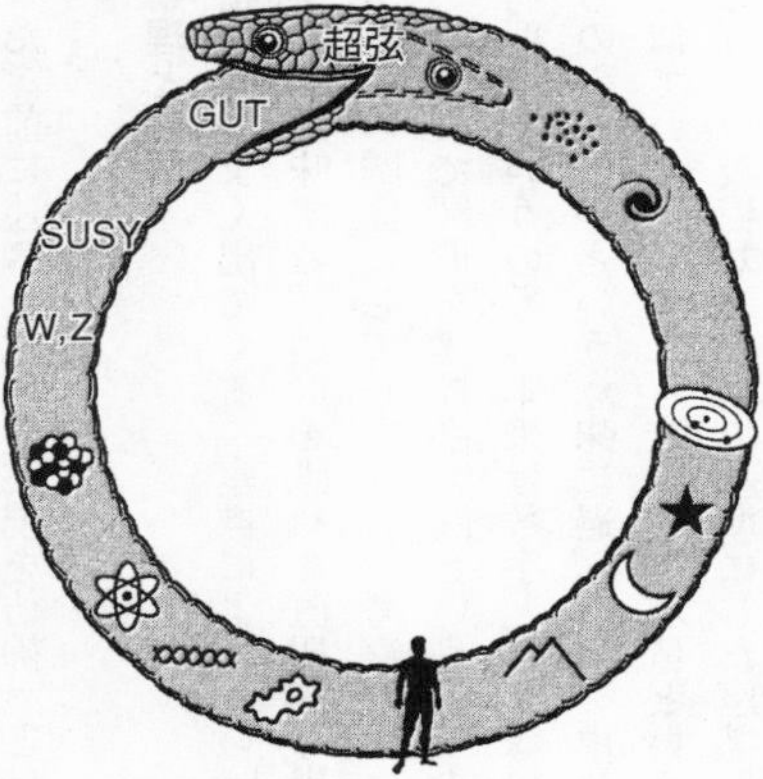

原子よりさらにミクロな世界の探究は、原子からなるマクロな宇宙の生成の問題と関連する。いわば、図のようにサークルが閉じたといえる。

目的は電磁気学を含むように一般相対論を拡張することで、これを「統一理論」と呼んだ。その際の指導原理は実験事実を基礎にするというよりも、一般相対論のときのように数学の原理から法則を演繹する路線を選んだ。アインシュタインの努力にもかかわらず、「報われなかった夢」には「量子力学を満足のいくようにする」ことと、この「統一理論」の二つがあった。前に述べた「夢の実現を彷彿」とは後者を指す。

物理と幾何

相対論でよく出てくる「座標によらない」という言葉は、その法則の背後に幾何構造があることを意味する。図形を眺めた直観的な幾何の解法は難しいが、座標系を持ち込んでいったん数字の関係にしてしまうと、考察のマニュアル化が可能になる。すなわち、ゲージ（尺度）の導入で図形を座標系空間という人工の空間に写像すると計算可能な問題になる。

物理量というのも、本来は数字とは無縁のものである。数字で表現されるのは、単位としたものの何倍かという意味に過ぎない。単位を変えれば数字も変わる。この事情は先の座標系と似ている。いずれも空間や物理量という、本来は数字でないものを数字で表しているのである。一般相対論構築で基準にした座標系によらないというのは、幾何的構造を相手にしていたからである。そして、重力はこの幾何構造の中に組み込まれたのであった。ならば、同じく力である電磁気力も幾何構造に組み込まれるはずである。これが彼の第二の夢であった。

統一ゲージ理論

この「夢」の持ち方には当初誰も関心を示さず、基本力の探究はまったく別の方角から始まった。三〇年代に原子核の世界に入って、原子核の放射性崩壊の一種であるベータ崩壊（弱い力）と陽子や中性子が原子核をつくる核力（強い力）の二つの力を重力と電磁力に追加した。六〇年代、いったん泥沼にはまったと見えるほどに雑然とした現象の世界に足を踏み込んだが、七〇年代に入り電弱相互作用と強い相互作用の理論が、いずれもゲージ理論であることが確認された。その前に、電磁気学も一般相対論もゲージ理論であることが示されていた。アインシュタインの指導原理は、新しい〝数〟の座標などへの空間概念の拡張が必要であったが、基本的には正しかった。四つの力は全てゲージ理論で記述される、という認識への到達がこの生誕百年の時期にくしくも一致したのだ。ただし、一般相対論だけは量子論でなく、夢の実現にはもう一段の道のりが必要なのは明らかだが、頂上の近くにいるという実感がしみじみとした時期であった。

大は小を兼ねる

力学では保存則の背後に必ず対称性がある。エネルギーや運動量の保存は各々時間と空間方向の対称性に関係している。そこでこの発想を拡大して、力学量でない電荷、弱荷、バリオン数などの保存則の背景にも対称性があると考える。そして、この対称性を表現するために余分の空間を導入する。数学ではファイバー（繊維）が付いていると表現している。こうして高いているとみなす。こういう対称な空間が四次元空間の各点に内部空間として引っつ次元の空間が出現し、部分空間が対称空間であるため、そこからゲージ場が演繹できるというシナリオである。
統一とは個々の内部空間を足し合わせて高い次元の空間を構成することだ。電気もクォークの力もこの統一高次元空間内の出来事として統一するわけである。統一とは単に「大は小を兼ねる」式の寄せ集めである。しかし、このような何でもありの統一された「神の国」と現実とは物凄く違う。まず四次元時空と他の次元の空間は全く違う。差別化が必要である。これには後で述べる二〇年代に出されたカルツァ・クライン理論が役立つ。さらに、ゲージ場も現実にはその姿を変えて存在しているが、これを説明するのが真空の相転移である。いずれの場合もエネルギーの低い現象では「神の国」は見えないが、高エネルギーで見れば統一されて「神の国」の全体像が見渡せるという。統一された世界を現実に落としてくる方法は無数にある。そうなると、堕落した現実からその世界を定めるという逆問題はユニークでなくなる。

カルツァ・クライン理論

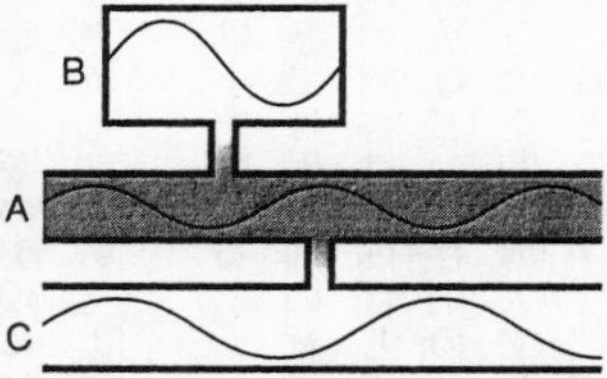

大きな波長の波（低エネルギー）では空間ＡからＢやＣの存在には気付かない。

ＧＵＴの迷走

物質場が載っている時空そのものの量子論である重力は特殊なので、まず重力を除く三つの力（弱い力、電磁気力、強い力）の大統一理論（GUT grand unified theory）を作ろうということになった。しかし、できあがった彫刻作品から元の素材の形を復元することが一義的にいかないように、現在の三つの力という彫刻作品からそれらが埋め込まれていた素材を復元するのは容易でない。GUTの構築は三つに分かれた力（彫刻作品）から統一された姿（素材）を探り当てることであり、ユニークにはいかない。

そこで試行錯誤が始まったが、理論を作る縛りが緩いのでいくらでも理論が作れ、バブルのように論文がいっぱい書かれて活況を呈する。当時、筆者は基礎物理学研究所にいたが、若い連中が『週刊KKニュース』という論文情報を掲示板に張り出していた。『週刊賃貸ニュース』というアパート情報誌をもじったものだが、理論の出ものは目まぐるしく変遷した。しかし、GUTでは湯川・ローレンス型の予言と検証のサイクルが、実験が難しいためにうまく回らなかった。

GUTの予言の一つは陽子崩壊であった。予想される陽子寿命は宇宙年齢よりはるかに長いのであるが、これは「平均」寿命だから早死にするものもあり、多くの陽子をじっと監視していれば崩壊が検出できる。日本でも岐阜県の神岡鉱山の坑道に建設されたカミオカンデで実験が始まった。水の陽子崩壊で発生する高速電子が水中を走るときに発するチェレンコフ光を、光電子倍増管で検出するのである。これがカミオカンデの当初の目的だった。

力の分岐

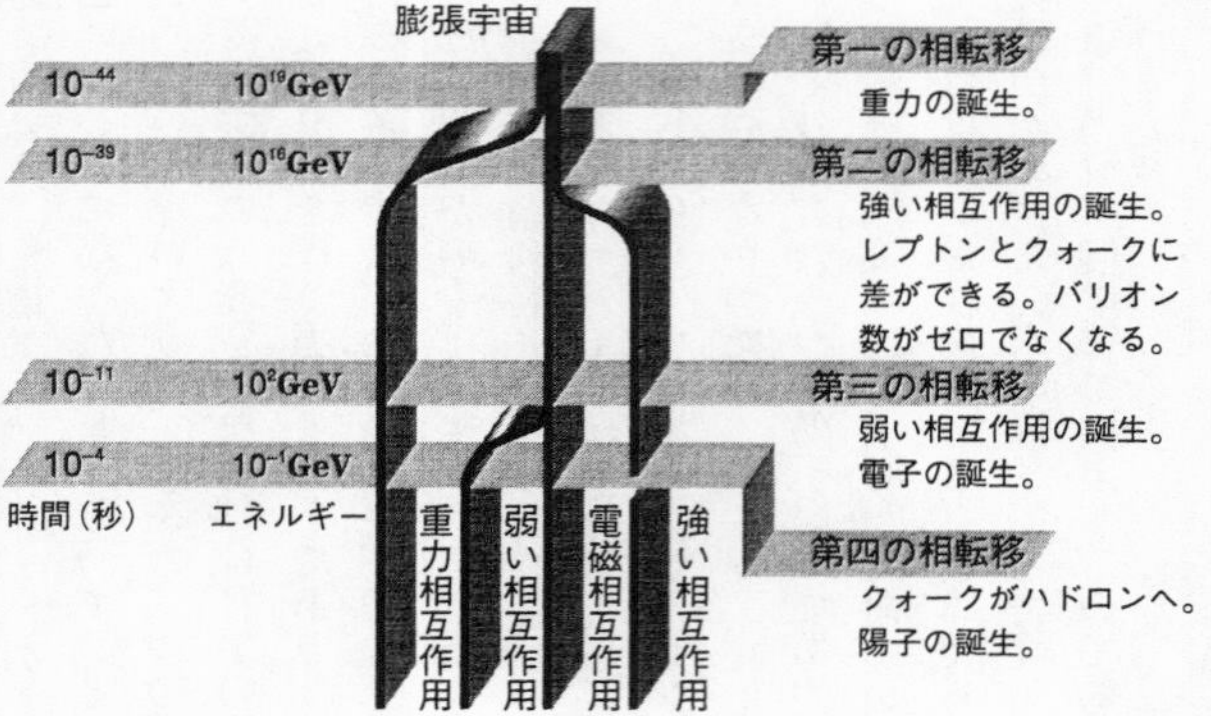

素粒子宇宙

八〇年頃から、GUTで膨張宇宙初期を論じる理論的な研究が盛んになった。七八年には宇宙バリオン数生成、八〇年には質量ニュートリノでの銀河形成、八一年にはインフレーション宇宙、そして八二年に量子ゆらぎによる密度ゆらぎの形成、宇宙ひも、超対称性粒子などと、まさに両手いっぱいのお土産《みやげ》を持って立っているにもかかわらず、GUT自体の確認がなかなか取れないのである。執行猶予的な宙ぶらりんな状態に置かれ、直接的検証と言える陽子崩壊をかたずを呑んで待ち受けた。しかし、第一報は「ノー」であった。筆者はその頃のことを「一九八四年の虚脱感」と言っているが、過剰期待の反動も大きかった。ただし、第一報の「ノー」は単に「未だノー」とも解釈できるから、みんなが虚脱感に襲われたわけではない。

実験の縛りがないと理論はますます数を増し、膨大な数の論文が書かれたが、あれは何だったのだろうと考え込んでしまう。

実験はますます困難になり、数年の時間スケールではレスポンスできなくなる。理論家はそののろいテンポに合わせることができず、学界内部のファッションで自己運動をしだす。この頃、ある売れっ子の研究者がインフレーション宇宙の総合報告をルネッサンス、バロック、ロココ、新古典、ロマン、印象などという美術史になぞらえて話すのを聞いたことがあるが、科学としての基準がなくなると漂流が始まり、筆者は「白けた」と表現した。当面否定も肯定もできない課題に多くの人間が取り付くことは、物理学として見るならば不健康である。だが、外目には大活況であった。それを支えたのは、公衆が科学に托す「宇宙という物語」の語り部の姿をそこに見たからであろうか、それともある種の文化事象と共鳴した「時代拘束」であったからであろうか。

2　三つのスーパー

SN1987A

八七年は、物理学の出発点と言えるアイザック・ニュートンの『プリンキピア』（自然哲学の数学的原理）が出版されて三百年の記念の年であった。またまた奇妙な符合であるが、この年の三つの「思いがけない」発見が、新しい流れを作った。超新星によるニュートリノ・バースト、高温超伝導物質、それに超弦理論という「スーパー」トリオである。これらは全て「計画された研究」ではなく、学界の表のシーンから見ると、突然出現したものだった。

この年の二月、大マゼラン星雲で超新星SN1987Aが爆発し、陽子崩壊を待ち受けていたカミオカンデがこれを捉えた。星の進化の理論から予想されていたことではあるが、それを検出しようという実験計画はなかった。検出されたたった十一個のニュートリノが何百という論文を生んだ。日本のX線観測衛星の活躍もあわせて、これ一回の爆発が宇宙物理とニュートリノの物理に多くの情報をもたらした。GUTのバブルの後では、新鮮なデザートのような清涼感があった。六〇年代の発見の時代を思い起こさせる明快さがあり、また基礎の明確な理論から予想されるものは全て実験しようという気運を高め、続く重力波検出実験に弾みをつけた。

「裏庭の実験」

八六年にスイスとドイツの科学者が高温超伝導のセラミックの新素材を発見したと発表したが、多くの実験家が同様な試みをやりだして大騒ぎになったのはこの年の十二月だった。そして八七年中、新素材の開発競争に沸いた。他の「スーパー」と違って、実現すれば「年商十兆円の新市場」などという見出しが経済新聞に躍るフィーバーと同居した。液体窒素の温度（マイナス百九十六度）以上でも超伝導になるというお手軽さは、「開発競争」に多くの科学者、技術者を引き込み、裏庭でできるような実験と評された。高エネルギー物理のように、高額な装置、長年の計画や数百人の研究組織などとは無縁の、個人の努力や執念がそのまま結果に結び付くような研究に見えた。

こうして、経験や直観でいくつかの酸化物高温超伝導体が実現した。この手づくりの感覚の反面で、これを解き明かす理論のほうは、思いのほか多体系の量子物理を豊かにする問題に関わっていた。意外だったのは、化学が扱うようなこうした複雑な物質が純粋物理の表舞台に登場したことであった。

超弦理論

先の二つの「スーパー」と違って、第三のものは純粋に理論上の事件であり、この年の二～三年前の論文がこの頃に大きなブームになったという意味である。背景には性急なGUT現象論の挫折があった。湯川・ローレンス型の現象論が実験の難しさでうまく回らない以上、いっそのこと四つの力全部の統一理論をアインシュタイン・ディラック型で演繹しようという渇望に変わったのだ。これ以後、素粒子論の表舞台の役者はGUTから超弦理論へと入れ替わり、若干の中断を経て、ブームが続いた。弦の運動という単純なモデルの量子論に潜む数学的存在の豊かさに驚かされる。

もともと、弦理論はハドロンが大きさを持つ存在であることがわかったときから始まった、ハドロンの反応理論だった。ところが、手掛けてみると、矛盾のない量子論のためには弦を十次元や二十四次元という高次元空間に置かねばならないという奇妙な結論に導かれた。統一ゲージ理論でハドロンはQCD（量子色力学）であると決着したのと同じ七四年頃のことである。それから十年余りお蔵入りしていたこのモデルが、重力を含む統一理論として引き出された。弦の振動や回転運動モードに、重力場に当たる自由度があることは十年前にも主張されたが、統一ゲージ理論達成の時期にはそのメッセージは弱かった。八六年頃に発散や量子異常の困難のない理論であることや、特殊な場合として標準理論のゲージ対称性を含むことが示され、それにまともに取り組む動機になった。

純粋と不純

高温超伝導のフィーバーは理論過剰な見方の蒙《もう》を晴らして、自然の豊かさを見せつける効果があった。それはBCSが描く超伝導はどこか現実離れした純粋な状態のもので、こういう現象が滅多にないのは、現実は「不純」で微妙な量子干渉性を壊すからである、という意味の蒙である。高温超伝導の素材はみな不純もいいところで、どういう構造かもわからない複雑なものもあった。長い間、理論物理屋にとって「不純」とはマイナスのイメージだった。純粋で整然とした理想舞台でこそ目を見張るような新しい物理効果が見えてくるのだと。また、不純で雑然とした現実は理想舞台で解明された効果を組み合わせればよいのであるから、それは工場現場の技術者がやればいいことで、純粋物理の問題ではないという思い込みがあった。このときのフィーバーはこうしたイメージを崩すものだった。

不純物の注入が半導体技術の要素であるし、理論的にも、アンダーソン局在、近藤効果といった純粋系でない効果が伝導度の振る舞いを定性的に変える。いま磁性のモデルである多数の小磁石のシステムを考える。すると、完全整列と完全不規則の中間が面白い。量子的干渉が半分消えた状態に着目する——などなどである。それまで、理論物理ではとかくものごとの両極端を押さえておけばよいのであって、中間はそれで大体見当が付くと考えがちであったが、様相は変わってきた。さらに、純粋理論的に興味のある低次元系などという理論的な舞台でさえも、現実には高分子や表面といった複雑な物質で実現され、それもまた意外だった。

3　理学と工学

『イミダス』

筆者がこの本を執筆するきっかけは集英社発行の年刊情報誌『イミダス』の〝物理〟の項

を、京大で同僚の蔵本由紀《くらもとよしき》氏と半分ずつ担当してきたことにある。創刊は八七年度版（八六年刊行）だから、九九年時点ですでに十数年を経たことになる。世の中で目立っている用語を拾ってきて解説するのが使命であるから、毎年その時期になると編集担当の人が新聞記事のコピーを筆者に送ってくれる。長年これを続けていると、世間の科学・技術への関心の推移が感じられて面白い。もちろん、現実の研究と新聞記事の間の関係は融通無碍《ゆうずうむげ》なものである。しかし、何かしら学界以外の世界の関心の傾向は反映している。

そういう目で見ると、科学や技術を扱うフレームがこの期間に変わってきたことに気付く。筆者の体験でも、そうして送られてきた新聞記事のコピーを材料科学、電子工学、情報科学、宇宙工学といったように他の分野に回せばいいのか迷ったものが多い。記事の多くは〝物理〟というよりはそういうものが多くなっていった。また、純粋科学に関連したものでも、〝天文・宇宙〟や〝地球〟に入れるのがいいのか迷うものが多かった。

創刊時、『イミダス』での科学と技術を扱う欄は次のようであった。

【基礎科学】科学基礎論、数学、単位、物理、化学、生物　【ハイテクノロジー】バイオテクノロジー、現代工学、電子工学、新材料、ロボット、原子力、宇宙開発、軍事技術、プロジェクト　【地球科学】地学、地震・火山、海洋、気象、天文・宇宙、エネルギー資源　【情報科学】コンピューター、コンピューター・グラフィックス、OA／FA、ニューメディア

【ライフサイエンス】医学、がん、薬学、メンタルヘルス

そして、二〇〇〇年版では「コンピューター・科学技術」の括りのもと、次のように大きく二つに統合されている。
【地球科学・基礎科学】地球科学、地震・火山、気象、海洋、天文・宇宙、地理学、科学技術と現代社会、数学、物理、化学、生物【コンピューター・ハイテクノロジー】バイオテクノロジー、現代工学、電子工学、原子力、エネルギー・システム、情報科学・人工知能、ロボット・メカトロニクス、パーソナル・コンピューター、ネットワークと社会、インターネット、新材料、宇宙活動、航空、軍事技術、コンピューター・グラフィックス
また、医学、薬学、がん、メンタルヘルスなどのライフサイエンス関係を「社会生活・健康」の括りの中の【医学・健康】という離れたところに移している。
九〇年代の科学、技術の世界の枠組みの変化を表現しようと、編集部も工夫している。

SPring-8（スプリングエイト）

西播磨に建設された、物理に関係した放射光装置スプリングエイトをめぐる例を紹介する。磁場の中で高エネルギー電子はシンクロトロン放射と呼ばれる現象によって光を出す。X線領域のこの放射を研究の手段として利用するのが放射光装置である。この放射が初めて観測されたのは、シンクロトロン方式の粒子加速器であった。電子を加速する目的から言うとシンクロトロン放射はそこでは邪魔ものであった。筆者は宇宙物理の研究を宇宙線の起源

から始めたので、シンクロトロン放射は銀河系の電波や超新星からの放射の機構として学んだ。最近では、宇宙からのX線シンクロトロン放射も観測されている。

確かに、加速器は原子核や素粒子の物理学を進める手段として進歩してきたものであり、『イミダス』でこの分野の担当は筆者である。そこでスプリングエイトに関する記事のコピーが回ってくる。しかし、この装置は材料科学や生物科学を含む広範な分野の科学・技術の研究機器である。「和歌山毒入りカレー事件」での分析結果としてスプリングエイトの存在を知った人が多いようであるが、まさしく使われる分野はどんどん広がっている。科学・技術の世界での一種のインフラストラクチャーである。同じようなインフラ機器としては、中性子施設や重イオン核施設というのもある。原子炉や加速器と聞くとすぐに原子核や素粒子を連想する時代ではなくなったのである。

SPring-8全景

光量子説か、太陽電池か

　もう一つの別の例は、量子力学をめぐる理学と工学の仕分けである。『イミダス』の〝物理〟にはもちろん現代物理学の体系として量子力学に触れてある。それは量子力学が原子や固体電子、原子核、素粒子の基礎理論であるという内容である。ところが、次第に量子力学の項目と紛らわしいものが頻出してきた。純粋に量子力学の効果、あるいは工学的関連を言われる以前から理学の用語としてあった、トンネル効果、光電効果、量子ホール効果、ＡＢ（アハラノフ・ボーム）効果、ボーズ・アインシュタイン凝縮、カシミア効果、メゾスコピックなどの他に、デバイス絡みであるＳＱＵＩＤ（超伝導量子干渉素子）、量子井戸、人工原子、量子ドット、クーロン・ブロケード、ジョセフソン接合、ＳＴＭ（走査型トンネル顕微鏡）、光子ＳＴＭ、レーザークーリング、量子計算が続く。これらの項目を工学と理学でどう分けるか、自明ではない。

STM（走査型トンネル顕微鏡）によるシリコンSi（111）表面の原子像

　前半の物理効果などは明確に〝物理〟に書くことであっただろう。しかし、現在は後半のデバイス絡みの項目説明のために、これらが登場するからみで、大半は「電子工学」の欄に置かれている。これに類した話をすると、例えば高校の教科書では、光電効果は百年近く前の光量子説として登場するが、現代的には太陽電池やセンサーの話なわけである。どちらを先に聞くかでイメージがずいぶん違う。物理学での説明はどちらがいいのか、迷うところである。

4　量子力学のイデオロギー

EPRパラドックス

コペンハーゲン解釈が定着して後、物理学者はしばらく量子力学を使うことに精を出した。いろいろ直観的にはひっかかるところもあるが、ミクロの世界なのだから、不思議なのは当然という割り切り方もあった。三五年のEPR（アインシュタイン・ポドルスキー・ローゼン）パラドックスがこうした初期の悩みからくる最後の挑戦状であった。しかし、世界は大戦に突入し、しばらくこういう暢気《のんき》な「解釈問題」の議論はお預けとなった。戦後になり、量子力学を学ぶ人間が急増したが、量子力学はすでに大学で学部生が学ぶ確立した教科の一つだった。そこで発生する疑問解消には、創造者であるボーアやハイゼンベルク、シュレーディンガー達の文章を古典のように読む以外に手はなかった。

こうした雰囲気を破って五〇年代末に一時「解釈問題」が論じられたことがある。動機の一つは、ソ連の物理学の事情があった。量子力学の確立時にマルクス主義の哲学者はその観念性を批判したが、科学技術振興を前面に打ち出したこの時点において、いくつかの論評をしたうえで量子力学自体は観念論ではないという宗旨変えを公式に行った。これと別個かどうかはわからないが、この頃、イギリスのデービッド・ボームなどの西側の何人かが、より実在の観念を導入した理論を提出した。五七年には解釈を普通の物理学者が初めて論じる国際会議があり、またこれが刺激になったのか、その年、プリンストン大学では「観測者のいない波動関数」である宇宙の波動関数を論じたエベレットという学生が出てきた。

思考実験から量子工学へ

実在性を回復させる試みの一つは、「隠れた変数」の理論であったが、その後、一切のそういう理論が不可能であることが実験で示された。しかし、こうした話は、当時、けっして多くの物理学者の関心を捉えるものではなかった。ところが、八〇年代の中頃から急に量子力学の解釈や観測問題をテーマにした国際会議が多くなった。これは技術が進歩して、ひと昔前には

EPRパラドックス

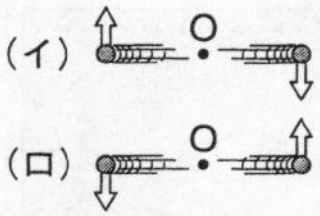

点Oで電子・陽電子の対発生があって、それぞれが両側に走ったとする。
スピン（上下向きの矢印）は全体としてゼロなので、互いに反対向きである。観測するまでは（イ）と（ロ）の状態が重なっているが、例えば右側に走った粒子のスピンが上向きとわかれば、離れている左側の粒子のスピンは下向きであると、その時に決まる。アインシュタインらは右の情報が左に瞬時に伝わるのは「おかしい」と考えたが、実験ではこの通り起こる。

ICの集積度の変遷

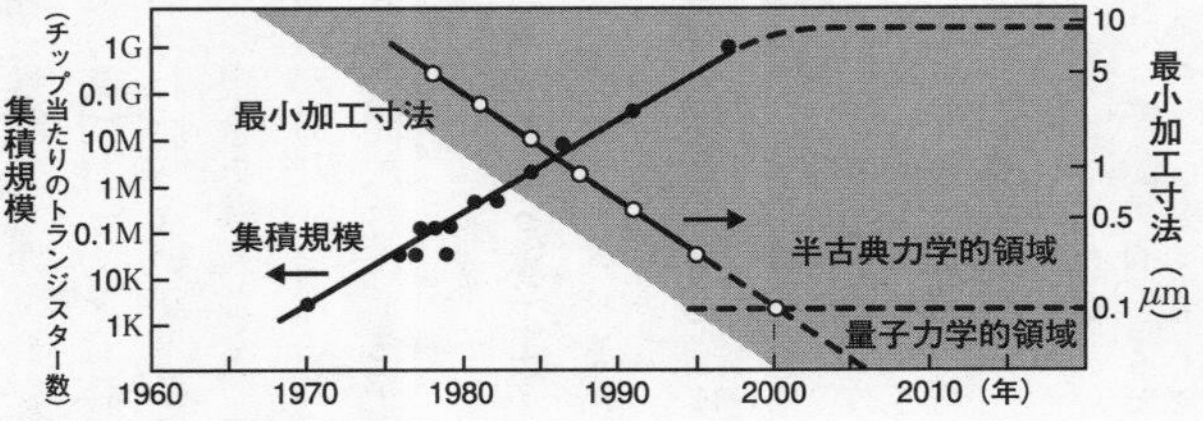

「思考実験」であった課題を実際に実験できるようになったからである。例えば、「シュレーディンガーの猫」の異様さはミクロとマクロを混同した議論を戒めているようにも取れる。しかし、半導体加工技術や薄膜技術といったナノテクノロジーの進化は、マクロとミクロの組み合わさった舞台を製作できるようにした。いわゆる、メゾスコピックの物理である。そこでは古典記述と量子記述の関係をあからさまに示せるようになった。

固体の部分をトランジスター化したＩＣ（集積回路）の集積度はそのうちに一平方センチ当たり九千万個に達するという。そこまでくると電子の染み出しが起こるために、独立な各素子ではなくなってしまい、従来の回路の概念さえ崩れてしまう。しかし、もし、チップ全体を一つの量子状態とするようなデバイスが実現できれば、重なった状態のまま次々に演算を並列的に行う量子計算、すなわち量子コンピューターが実現するかもしれない。

物理学者を鍛える量子力学

筆者も宇宙時空の量子化の問題としてこれらのことに関心を持ったが、その考察は別に『量子力学のイデオロギー』（青土社、九七年／増補新版、二〇一一年）に論じているので、ここでは繰り返さない。筆者は数学的に明確に定式化されている量子力学のほうが、逆に物理学者の直観の変革を迫っているのだと思う。我々は理論でもって鍛えられなければならない。思い込みをイデオロギーというなら、我々はまだ古典物理のイデオロギーから量子力学を見て不思議と言っているのである。直観的理解に思い込みが必要であるというなら、我々は量子力学のイデオロギーとは何であるのかを考えるべきであろう。このことは人間の思考様式というものの特殊性を炙《あぶ》り出してくるものだと考える。そういう意味では、ここでも一つのサークルが閉じるのである。

5　インパクト

アメリカのある教授のケース

物理学研究のダイナミズムが他の研究へのインパクトにあることは、二十世紀の歴史の一つの教訓である。そこではインパクトを求めて行動する人間抜きには考えられない。ここに一つのケーススタディーを記してみる。筆者は七三〜七四年にカリフォルニア大学バークレー校の宇宙線実験のグループにいた。ここの教授はビュッフォード・プライスという人で、その五〜六年前にGE（ゼネラル・エレクトリック社）の研究所から迎えられた。彼はいつもグループの実験家に刺激を与えるために宇宙物理の中堅の理論家を雇っていたが、筆者もそういう役目で滞在していた。当時、バークレーは物理の研究上も大学としても大変魅力的な場所であった。その後も彼とは交流があり、何回かバークレーにも行ったが、九七年夏に、彼の六十五歳記念のシンポジウムがあって、研究室出身者と彼の研究に関係ある人達が一堂に会した。

そして、そこに登場するトピックスの幅の広さに圧倒された。彼の長年のテーマである宇宙線の重元素組成から始まって、ボトムクォークやトップクォークなどという、元学生がジョブを得た高エネルギー実験グループのテーマ、それに宇宙からの反物質、ダークマター検出などの小規模な実験、さらには最近グループ形成を目指している、南極の氷を使った宇宙からの高エネルギー、ニュートリノの観測などに及んだ。しかし、これは宇宙線のグループということからしてそう珍しくはない。ところが、彼の長いキャリアを反映してシンポジウムの講演には、飛跡エッチング技術とその応用、マイクロ毛抜き、スペースデブリ（いわゆる宇宙ゴミ）収集、毛細管加工、マイクロ加工、ナノ加工などの技術と、その応用としての汚水処理、石油などの資源探査、年代測定、地殻熱史などの話まで飛び出すのには面食らった。

宇宙線重元素

前半の宇宙線や素粒子の実験研究と後半の技術がプライスの研究キャリアで統一されていることを理解するには、ある程度物理の知識がいる。「飛跡エッチング」が結節点である。プラスチックやガラスといった固体に放射線を照射すると、飛跡が残る。飛跡に沿ったイオン化で固体が損傷を受けるからである。そして、これを化学溶液で処理すると、この飛跡の影響を増幅させることができる。これがエッチングという技術で、画法の一つにもなっている。素粒子検出法の一つに写真乾板を使う方法があるが、これで宇宙線を観測すると、主成分である陽子やヘリウムが飛跡の大半となる。一方、電荷の大きい原子核や磁気単極子《モノポール》は大きな損傷を与える。だから、電荷の大きいものだけ検出したいなら、感光性の悪いプラスチックを用いるほうがいい。スペース時代の宇宙線観測分野にプライスはこういう技術を引っさげて登場した。

エッチング

面白いのはこの飛跡エッチングという現象そのものその後の展開である。まず溶液に長く浸せば飛跡に沿ってプラスチック板に穴が空く。それなら重イオン加速器でいっぱい飛跡を作って、たくさん穴のある素材が作れる。素材、照射する重イオンビーム、化学処理法などをいろいろ工夫すると、欲しいサイズや欲しい数の穴が自在に空けられる。これは一種の加工技術になる。安く大量に作れれば、汚水処理のフィルター、高度にすれば人工臓器の素材、物性実験用の素材などと応用が広がる。また、放射線ほど高速でなくても、スペースのデブリやダストは高速でぶつかって食い込むから、これを収集する技術にも拡張できるらしい。

他方、こういう飛跡は岩石の雲母などにも見られ、これは自然放射線の研究になる。地殻の主な放射線源はラドンだから、その測定装置になっている。飛跡ができた後に熱的に処理されると、飛跡の長さや太さが変成をされて変化する。この物理過程が分かれば、それから逆にその岩盤の熱史が探れる。これは地球科学研究の手段にもなるし、資源探査、地震予知にも利用できるかもしれない、という具合に応用が広がる。

なにしろ、ビーム技術やSTMをはじめとするミクロ世界の画像化など、周辺の技術がどんどん進むので、〝放射線による損傷〟といった否定的な表現の現象であっても将来は完全に制御できるようになっていくのかもしれない。

6　時間空間の量子論

「一般理論」

ビッグバン宇宙と重力を含む統一理論の二つの流れが、期せずして時間空間あるいは重力の量子論を二十一世紀初頭の課題として提出している。その判断の基準は、具体的な取っ掛かりがあることと、その結果が物理学の進展に大きなインパクトを与えることである。「取っ掛かり」は素粒子論が与え、またインパクトという点では、筆者は量子場の理論の素直な拡張としての新たな一般理論を育む可能性を秘めていると考える。超弦理論をややこしい一つの例題として含むような一般理論である。

「一般理論」とは、時代が科学に要請するある具体的な対象を試金石にして構築される。惑星運行とニュートン力学、太陽・惑星・衛星の三体問題と解析力学、原子分光学と量子力学、QEDと場の量子論、超伝導と対称性破れなど物理学の発展での個別対象と一般理論の関係を思い起こせばいい。逆に言うと、ニュートン力学は惑星運行のためにあるのではないし、解析力学は三体問題のためにあるのではないし、量子力学は原子分光学のためにあるのではないし、……、新「一般理論」は時間空間の〝あるなし〟の課題のためにあるわけではない、となるであろう。

弦とブレーン

これまでの物理学は時間空間の中にある対象を扱っている。したがって、時間空間の〝あるなし〟を扱うのは物凄い飛躍を必要とする。時間空間に位置を占めることではない〝ある

弦とブレーン

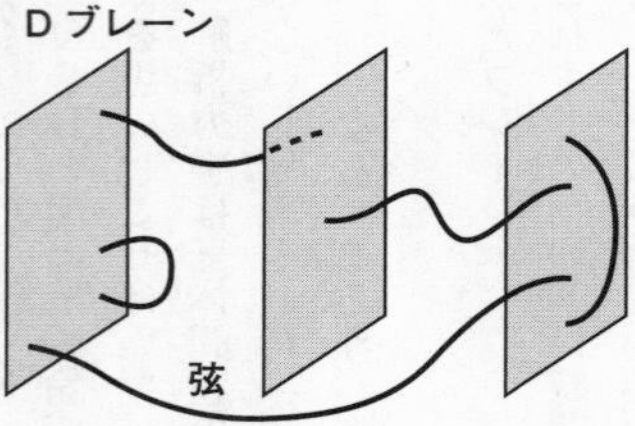

弦の振動モードがさまざまな素粒子の場と対応する。この振動は弦の端がある面（ブレーン）に固定したようなものと考えることで、相互作用の議論ができる。

なし〃の基準を別に設定しなければならない。そのためには、まず普通の物理での時間空間的な描像からの脱却が必要になる。時空も他の〃物質場〃と作用する場であると割り切り、存在のイメージは時空に位置を占めることではなく、場相互の関係に解消することである。

弦という一次元と〃時間〃という二次元時空上に十個のベクトルとスピノールの場が分布している。見方を逆にすれば、十次元超対称空間という状態空間に変動する弦としてこれを描くことができる。矛盾ない弦の量子力学という要請からこの次元が決まる。弦振動のいろいろなモード（音色）が重力を含むさまざまな素粒子に対応する。振動モード間の絡み合い、すなわちあるモードが他のモードを励起することが相互作用である。重力が「万有」であることと、他の場はみな時空上にあることとは関係がある。

しかし、この現実は十次元空間を弦がパタパタと軽快に羽ばたいている状態からは大きくずれている。重力振動モードを四次元に減らすのに用いられたのが、二〇年代にアインシュタインが統一場理論に熱を上げていた頃に出されたカルツァ・クライン理論である。すなわち、いくつかの次元の方向には空間が小さく閉じているとする。すると、低エネルギー現象では閉じた空間は見えない。すなわち、その存在が気付かれないものになる。閉じた次元がある空間では、ある振動モードはもつれて動きを止めた壁のようになり、それに引っかかったり巻き付いたりして弦の残りの次元での振動を拘束している。ずいぶん粗っぽい見方だが、こうしてこの十次元空間には弦とブレーン（壁）があるというイメージになる。

一般相対論の量子化

眼前の時空を記述する一般相対論は、弦理論の低エネルギー近似をとったときの有効理論である。低エネルギーとは時空の分解能を粗くして記述することである。前述のような弦とブレーンが身動きが取れないほどもつれ合った状態でのかすかな変動だけに着目することになる。流体も原子分子から成るが、このような粗く見る近似では連続体の力学となる。それと一緒で、時空も超ミクロに見ればブレーンや弦が絡み合った状態だが、粗っぽく見れば連続的な時間空間多様体の上に物質場が載っているという姿になる。

したがって、一般相対論を量子化することに対応した話は、流体力学を量子化することである。常識的には流体力学はすでにマクロな法則だから、これの量子力学版など存在しないと思うかもしれないが、そうではない。量子流体がまさにそれであり、ランダウはこれでノーベル賞を得た。量子力学はけっして原子、原子核や素粒子用の理論なのではなく、動力学があれば必ずその量子力学が可能である。例えば、コマ運動の量子力学といった具合にである。こういう問題は、素粒子のゲージ場の量子化と同じく、拘束条件付きの量子力学という結構難しい話になる。この説明はチンプンカンプンだと思うが、伝えたいことは、物理の理論や手法にはこうした対象横断のものが多いということである。

宇宙の波動関数

膨張宇宙は時空の古典運動解であるが、このダイナミクスの量子版を考えることができる。古典論では変数に対する拘束条件と運動方程式がまず導かれる。古典論ではまず拘束条件を満たす解、例えば一様な三次元空間を出して、それを初期条件として発展（運動）方程式を解く。拘束条件を量子化でどう扱うか？　ここでディラックは拘束条件を状態関数を制限する条件であるとした。一般相対論の場合のその式をホイラー・デュウィット（ＷＤ）方程式といい、それを満たす状態関数には「宇宙の波動関数」という大げさな名前が付いている。こういう問題設定は六七年頃になされ、八〇年代の宇宙論ブーム、ホーキングブームの中で再び取り上げられた。

ここで見えてきた重要な教訓は時間の消滅である。すなわち、状態関数がシュレーディンガー方程式で時間とともに変化するという、描像がない世界である。しかし、準古典的に振る舞う変数が、ある条件のもとでは通常の時間発展的描像が可能になる。シュレーディンガー方程式の時間とはこの準古典的振る舞いをするある変数に根拠を持つこととなる。そして、膨張宇宙の空間のサイズを表す変数が、こうした準古典変数なのである。昔からシュレーディンガー方程式の時間には裏があると嗅ぎ付けていたパウリのような人がいるが、このようにその背後に膨張宇宙があるとなれば、時間論の一つの重要な発展である。

7　新しい自然とインフラ科学

宇宙と地球

近年、宇宙観測が高精密化、大型化すると、観測の足場である地球環境の詳細な情報が必要になってきた。ここで言う「地球」には宇宙技術が及ぶ太陽系を含めているが、観測の限度が地球という、人類が置かれた特殊な環境によって決定されている。進歩した技術を精一杯活用すると、この「地球」が顔を出すのである。観測地点自体の特殊な様相が、「普遍」を観測しようとすると炙り出されてくる。

すばる望遠鏡の設置がハワイになったのは、日本の夜空が明るいからだとは理解しているが、さらに突っ込んで、夜空の暗さ（明るさ）、大気の夜光、黄道光、「宇宙の果て」の明るさなどがどれだけあるかを知ることは、宇宙そのものの理解でもある。さらに、大気による星像のゆらぎ（シンチレーション）が支配するシーイングが、なぜ日本では悪いのか。ゆらぎの原因は温度ゆらぎと相関した屈折率の変動で、対流圏と成層圏の境界にあるジェットストリームで大きく、サイズは数十センチで、数ミリ秒での変動が原因であるという。そういう目で見ると、地球的にはどこが最適なのか、といった興味も出てくる。

ニュートンが光学に興味を持った理由の一つは、力学法則と合わせようとする天体運行の観測データが大気の影響を受けるので、地上で見たままでいいのかどうかに疑念があったからだという。かげろう、蜃気楼など、星や惑星も時刻や季節で見え方に差がある。これが大気中の光の屈折や吸収で説明できることが研究レベルで見当が付いてしまうと、誰もそれを教育しなくなった。そして、日々我々の生活を包んでいる自然、すなわち身体的自然の天文現象と現代の宇宙物理の研究との一体感が切れてしまった。「宇宙の端」から百億年も擾乱《じょうらん》を受けずに伝搬してきた像が最後の一ミリ秒で乱れてしまう。これほどに我々は宇宙の〝変な〟環境にいるという実感も大事であると考える。

シグナルとノイズ

原子炉からのニュートリノ発見でノーベル物理学賞（九五年）を受賞したアメリカのフレデリック・ライネスは、陽子崩壊実験と宇宙ニュートリノ探索の関係を例にとって「今日のノイズは昨日のシグナル、今日のシグナルは昨日のノイズ」という話をしていた。これは宇宙黒体放射の発見、パルサーの発見などにそのまま当てはまる。前者は大気と地表からの放射を差し引いた残差の確認であり、後者は太陽系プラズマによるシンチレーション観測の副産物であった。地球現象の観測のつもりでも、観測精度が飛躍的に向上していれば、こういう偶然の発見がある。カミオカンデによるニュートリノ・バーストの発見もこうした成功物語の一つである。

気候、地震などの自然災害からの防災、エネルギーや地球環境といった大問題が人類に迫っているから、今後、「地球」の詳細な観測、監視が実行される情勢にある。そして、これまでにない精度（シグナル・ノイズ比、時間・空間分解能など）で自然観測が実行される可能性があり、そこに科学の目で「測定された新しい自然」が出現する。銘記すべきは、宇宙の果ても、パルサーも、暗黒物質を含むもろもろのエキゾティックかつ宇宙的な存在のシグナルも、この地球が発するノイズに重なって〝ここに存在している〟ことである。しかも、このノイズ自体は地球現象解明のシグナルでもある。宇宙観測の高度化で地球が見えてくるように、地球観測の高度化によっても「宇宙の中の地球」に気付くのである。どんな邪魔者（ノイズ）にも存在の根拠があり、それが解明されれば、情報処理で制御可能になる可能性もある。宇宙と地球の観測は同じところに収斂《しゅうれん》しつつある。

見えてくる地球

重力波の検出では、地殻振動は低周波での重要なノイズになる。スプリングエイトでも見られるように、海洋波にともなう内陸での地殻振動も巨大加速器は感じている。また、スーパーカミオカンデは水の自然放射能変動を測定している。素粒子実験でも、ニュートリノ振動の長基線実験のように、実験所敷地をはみ出して地球を通過物質として利用するようになった。加速器から発生するミューオンの流束は物質科学で利用されているが、その高透能を活用して山塊を透視することにも成功しており、ニュートリノやミューオンが地球探査の手段になる可能性もある。さらに、電波望遠鏡群（ＶＥＲＡ｛VLBI〈very long baseline interferometry〉Exploration of Radio Astrometry｝計画）の干渉系システムでは、十マイクロ秒の相対位置精度を達成できるという。百年前の最新課題であった地軸や軌道の桁違いに精度の増したデータは、海洋、大気、地球〜月系の地球科学、また惑星と衛星のシステムの運動を用いた等価原理の検証という一般相対論の課題と絡んでくる。宇宙や素粒子の実験は高度な機器で地球自体をより精細に観測している。

最高エネルギー宇宙線

多くの宇宙放射の観測では、大気は邪魔者以外の何ものでもない。ところが宇宙線の観測では、大気は天然測定器の一部を構成している。特に、ＴｅＶガンマ線（Ｔは10^{12}、ｅＶはエネルギーの単位で電子ボルト）、超高エネルギー宇宙線の観測では、空気シャワーで大気中に発生する瞬間的な光源を探索する。指向性の良いチェレンコフ光を見るものと、指向性のない窒素分子の蛍光を見るものがある。後者では大気を大角度で監視し、まれに起こる弱い瞬間光を捉える。このため、大気の透明度が重要になり、この観測では大気中に浮遊する微粒子であるエアロゾールの測定などを同時にやらねばならない。

10^{20} eVを超える宇宙線は宇宙背景放射と作用するので、興味あるテーマである。これを観測するためには、さらに大規模な大気の領域を監視する必要があり、高い軌道の衛星から地球大気の大半を上から監視する瞬間発光測定システムを作る計画がある。高高度から地球を見ているから、流星、雷など、さまざまな瞬間発光現象も一緒にかかることになる。この宇宙線一個で生じる光

空気シャワーの観測

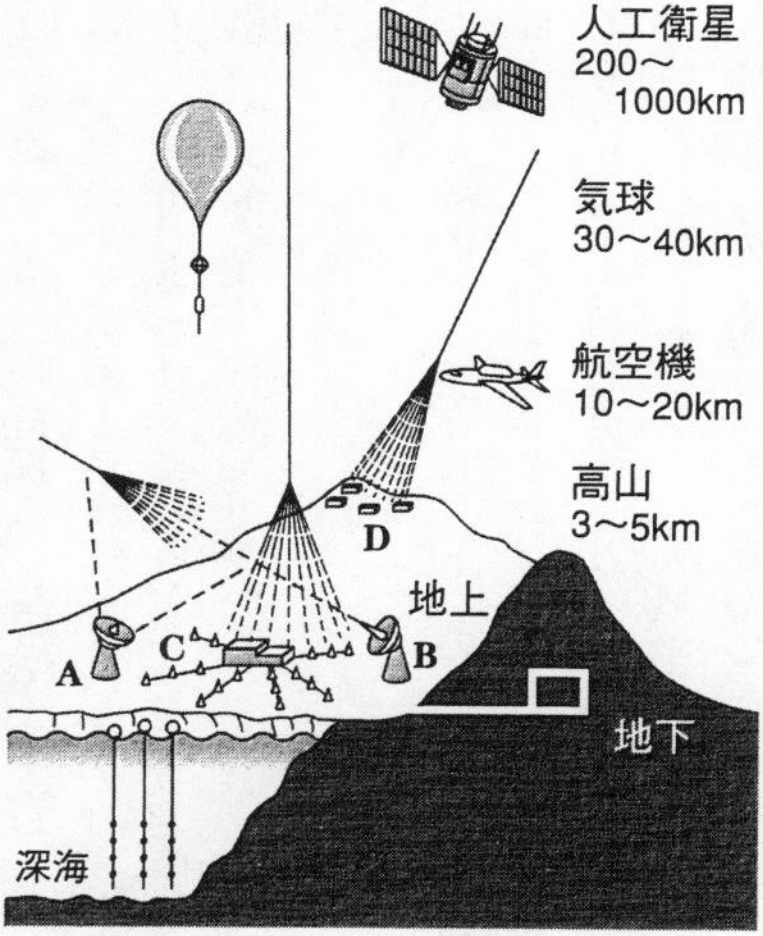

A：蛍光観測、B：チェレンコフ光観測、C：地上まで達する放射線測定、D：高山の高さで最大となるシャワー放射線測定

の糸は約五百マイクロ秒持続し、長さが十～百キロメートルで、数キロメートルの高度に出現する。大気中の光の糸といえば似ているのは雷である。雷は一ミリ秒の持続、長さは十キロメートル、可視光ではまぶしいが、窒素蛍光のUV（紫外線）域では不明。また、宇宙ガンマ線バーストもノイズとしてかかる。

ニュートリノ

スーパーカミオカンデは五万トンの水槽とその内側に付けた一万千二百個の光電子倍増管から成る。大きな図体がいるのは、ニュートリノの相互作用が弱くて物質となかなか反応しないからである。太陽ニュートリノは我々の体を毎秒何百兆個も通過しているが、全然感じ取れない。しかし五万トンもの大量の物質となら日に数万個は反応する。水槽内を監視してこれを捕らえるのである。この反応でニュートリノは高速電子を生じ、真っ暗にしておいてそのときに発生するチェレンコフ光をキャッチする。地球の反対側の大気で発生して地球を貫通してきたニュートリノの検出から、ニュートリノの質量が推定されている。高エネルギーの宇宙ニュートリノの強度はさらに数少なくなるから、検出にはもっと大きな体積がいる。そこで目を着けたのが南極の氷である。一立方キロメートルもの氷全体をいわばカミオカンデの水槽の代わりにする。氷の中に検出器を埋め込むのだ。発生した電子が高エネルギーだとシャワーのように電子・陽電子が増殖するので、このとき電波も発生する。宇宙からの超高エネルギー宇宙線とも関係しており、このようなニュートリノの検出テストは南極で始まっている。

スーパーカミオカンデの水槽

ガンマ線嵐が地球を急襲！

九八年秋に「ガンマ線の嵐が地球を襲った」ことが話題になったが、この一件は日頃気付かない地球や宇宙の監視体制を実感させてくれた。地上では電離層の観測で発見した。夜側で太陽からのものと同じぐらいにX線が増加した。この現象はX線や軟ガンマ線の検出器を搭載した人工衛星もいっせいにキャッチした。内訳は三つの宇宙観測衛星、四つの米軍事衛星と民間気象衛星、この他に地球の衛星軌道でない三つの飛揚体の合計十個あり、到着時間の差などから方角の決定ができた。

また、パルス周期から、この強力なガンマ線バーストを起こした天体が強磁場を持つ中性子星であると同定された。

ようするに、いろいろな目的で観測や監視をしている装置がいくつもあることを、この一件は教えてくれる。ガンマ線のバースト現象は最近の宇宙物理で話題の一つであるが、その発見は三十年ほどさかのぼり、部分的核実験停止条約後の相互の査察合戦の中で打ち上げられたベラ（Vela）衛星が偶然発見した。また、SN1987Aという突発的な天体イベントのときにガンマ線を観測したのは、たまたま上がっていた軍事衛星だった。したがって、一般にガンマ線のフラッシュ現象は軍事的には緊張する事態なのである。

萌芽的な段階で、既存の人工衛星や巨大装置、施設を利用し、便乗した発見物語は数多くある。かつては、地球や宇宙の科学観測と結び付くのは軍事用のものが多かったが、これからは情報通信用、気象観測、環境監視、多目的地球監視などの多種類の衛星が多くなるだろう。携帯電話「イリジウム」の衛星群、スペース・ステーションも始まる。人工衛星はかつての科学観測と軍事だけでなく、多様化して増加しようとしている。こういうものをここでは研究の観点から見たインフラストラクチャーと見なし、これに便乗、利用、協力することを積極的に考えるべきだろう。

高度機器社会と新しい自然

ガンマ線嵐が話題になった理由は「地球に影響した」からである。これは宇宙現象への関心のルーツであるが、太陽並みの影響を受けることは滅多にない。しかし、太陽が絶大なのは可視光であり、先のガンマ線嵐のように可視光以外の放射の影響なら肩を並べることができるところにある。ここで「地球環境」という概念を拡張してみれば、現在は体感的な住環境以外にも格段かつ詳細に環境がモニターされている。「モニター」には科学観測の目もあるが、それだけではない。地球の社会環境が大きく変貌している。自然物だけでなく、人工電波が飛び交い、半導体チップの中の電子が走って社会を動かしている。それらの物理現象と接して社会が営まれる。高度な機器が工場や病院やオフィスや家庭にあって、みんなで「観測」していると言える。例えば、宇宙線が半導体チップの操作を狂わすなどという確率はいくら低くても、半導体デバイスが物凄い数に増加すれば無視できなくなるかもしれない。自動車が増えると事故も無視できなくなるのと同じことと言える。高度機器社会で拡張された地球環境の「モニター」まで含めて考えると、案外もっと多くの宇宙現象を地球は〝感じて〟いるのかもしれない。新しい自然が立ち現われているのである。

ミクロの人工新世界

技術の進歩により、カーボンナノチューブなどの物質の新たな形態を人工的に作れるようになっている。また、ナノテクノロジーは原子世界の新たな構造をデザインできるようになるなど、数えあげればきりがないほどに、我々は現在人工の新世界を構築できるようになっ

原子核の陽子数と中性子数のチャート上に示した安定核と不安定核

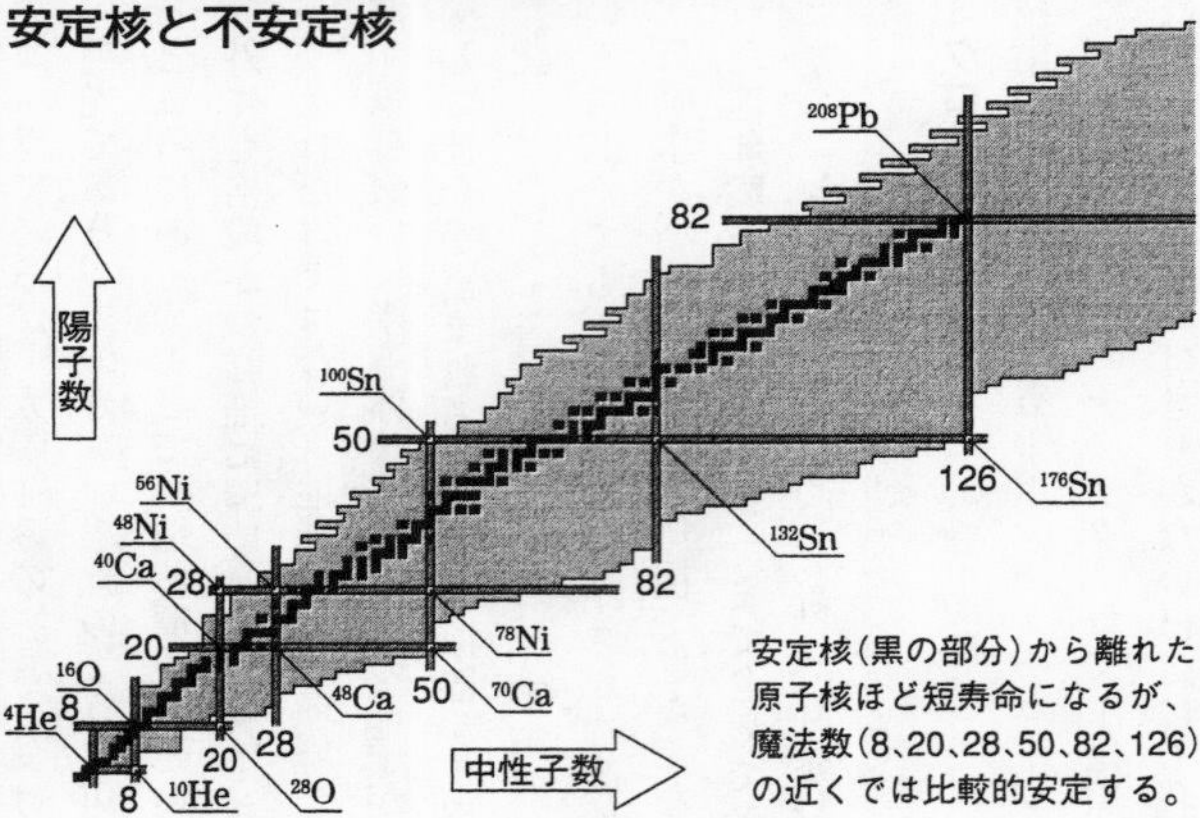

安定核（黒の部分）から離れた原子核ほど短寿命になるが、魔法数（8、20、28、50、82、126）の近くでは比較的安定する。

ている。

　これは原子核の世界でも同様で、自然に存在する核だけでなく、陽子と中性子のさまざまな組み合わせでどんな寿命の核になるかが実験できるようになった。ウラニウムを超えた重い原子核も生成され、それらにはラザフォージウムなど核物理に寄与した人名をもとにした元素名が付けられる。これらの元素は超新星などの爆発時にもできていたのかもしれない。一方で、天然の元素とは相対的に長い寿命で安定して存在するものを指しているにすぎない。

　ともかく、自然界に存在しない人工世界の構築は、眼前にある自然の姿を炙り出し、自然自体の理解にも役立つことである。環境主義から人工世界の構築を否定的に見るのは誤りであろう。

8　SSC中止とサイエンスウォー

ソ連崩壊

少なくとも、理論物理や宇宙物理では、五〇年代以後のソ連の学界は刺激的であった。ソ連へ行ってみて、数理コースの学生教育の徹底した演習などには目を見張った。そして、それを育んだ精神的雰囲気は一朝一夕にはできないものだと思った。語り尽くされていた社会の非効率、官僚主義にはあまり驚かなかったが、上級の研究者も含めて誰もその社会システムに誇りを持っている人がいないのには驚いた。逆に言うと、西側と同じ人間がそこにはいた。上から下までみんながおかしいと思っても惰性でなかなか変えられないのだなと、つくづく思った。それに対して、八〇年代頃に見た中国の社会と研究者はまだ別世界のものであった。そこには新しい世界に貪欲なバイタリティーに溢れる人間達がいた。

九〇年代になり、科学研究の世界でも半鎖国状態は終焉し、世界は大きく変貌した。多くの旧ソ連の「世界的」物理学者は西側に頭脳流出した。それはナチス時代以来の規模だった。今度は迫害ではなく、豊かさを求めての流出であった。多分、現在のロシアでは前述のような精神的雰囲気は崩壊したのではないかと残念に思う。政治的な混乱の中で、この貴重な物理学の世界が一つ失われた。しかし、ビッグサイエンスの場合には単純に崩壊するのに任せるわけにはいかなかった。原子力、核融合、宇宙科学といった分野は国家の崩壊の影響をまともに受け、この大集団が邪悪な道に走らないように、先進諸国はITER（国際熱核融合実験炉 International Thermonuclear Experimental Reactor）や国際宇宙ステーションなどのさまざまな国際協力プロジェクトに彼らを呼び込んで、カタストロフィーの回避に努め、現在にいたっている。

物理学の世界での旧ソ連の大国ぶりは、例えば物理学の国際組織であるIUPAP（国際純粋応用物理学連合）への各国の分担金の比率に見ることもできる。最高はアメリカとソ連（現ロシア）で、次のクラスがフランス、ドイツ、日本、イギリス、イタリア、その次がカナダ、中国、スウェーデン、オーストリアといった国々である。したがって、旧ソ連の崩壊は物理学の今後の世界地図に大きな変更を及ぼすであろう。

SSC中止

米ソ冷戦体制が終わり、中国が開放経済政策に転じ、西側では軍縮が進んで軍事予算も減って、人間の交流を妨げていた政治体制のカーテンもなくなり、科学研究の世界の将来は明るいと多くの科学者は思ったに違いない。ところが、九〇年代に入った頃からアメリカ物理学界に異変が起こり、そこを震源地にして影響はジワジワと世界的に広がっている。これが「はじめに」に記したような状況「物理学の退場？」である。

象徴的な事件は、素粒子物理を推進する高エネルギー加速器SSCの建設中止の決定（九三年）であった。これはフェルミ国立加速器研究所設立に次ぐアメリカ全体の次期計画として八〇年代の初めに提案され、国威発揚を意識したレーガン政権が後押しし、八八年（会計年度）に議会で建設が決定されたものだった。敷地は新大統領ブッシュの地元テキサス州となり、約二千人を雇用した新研究所が設立され、続いてリング用トンネルの土木工事も二十パーセントほど進行していた。すでに膨大な資金が投入されていた。ところが、ブッシュからクリントン政権に代わったのを機に、計画はあっさりと中止されてしまった。

当時はまだアメリカは財政赤字の時代で、予算的に大変なことは事実であった。しかし、こういうときには、普通は完成の時期を遅らせる策をとる。実際、アメリカ経済はその後好況になり、九八年には財政赤字ゼロを宣言している。にもかかわらず、議会も大統領府も火種を残さず積極的にこれを中止とした。建設決定当時から物理学者の中でも反対論があったが、それに対して推進側が積極的に応じ、次第に議論の輪は物理や科学の学界を超えて、政治、社会、文化、哲学へと広がった。アメリカ物理科学の学会誌『Physics Today』はもとより、『ニューヨーク・タイムズ』などの高級マスコミも積極的に論争の場を提供した。それがちょうど冷戦終結で社会の意識が急激に変化する時期と重なっていた。政治家はこういう状況でこの決定をしたのである。

基礎とインパクト

ＳＳＣ中止の素粒子物理学への影響という意味ではなく、そこで巻き起こった議論で提起された論点が重要である。このことをめぐって、筆者は『科学と幸福』（岩波書店、九五年／岩波現代文庫、二〇〇〇年）という一冊の本を書いている。課題は二十世紀の物理学の見方にも関係するもので広範にわたるが、「制度としての科学の公共性」と「文化世界での科学の位置」に大別されると思う。純粋科学という漠然とした営みが、外部と関わる二つの面である。

前者の論点の一つは「基礎かインパクトか」である。推進派が「物質理論の基礎は素粒子論であり、ＳＳＣでは物質理論なら必ず出てくる質量の起源が解明される。他はこの基礎の上に構築される応用である」と言えば、批判派は「素粒子論は物質理論の基礎ではない。現実には素粒子論が他分野を基礎にしてできてきた。その成果は他にインパクトがない」と応酬する。

純粋科学の研究そのものは他人に迷惑をかけないならまったく自由である。しかし、国家が支援したり振興したりするべきだという主張をするには、公共性の議論が必要になる。その基準は「制度としての科学」へのインパクトである。それには場の量子論のような、対象を超えた理論としてのものから、他分野の科学を経て工学、医療、環境などへの応用にまで及ぶものがある。これが先の「アメリカのある教授のケース」のように具体的な関わりを離れて、「基礎である」ことで十分だと推進派は考える。すると、基礎という言葉の使い方で意見が分かれる。推進派の〝基礎〜応用〟は、歴史を後で整理した静的な見方である。しかし、別の見方として、何を基礎にして素粒子論はできてきたかという動的な〝基礎〜応用〟の用法がある。また、物質や光の研究者が素粒子の統一理論をできあがった基礎として学び、その応用として研究を展開してはいないという実態がある。さらに、将来、放射光や中性子のように、ミューオンや反陽子も科学技術のインフラになる可能性もあるが、当面、統一理論はいらない。

オーラ

物理の各分野を階梯的にどう見るかは各人の自由だし、素粒子論は結構面白いし、他分野へのインパクトもあるだろう。その意味では公共的にも立派に育てていかなければならない一つの分野である。しかし、このように他と横並びにした課題群から、議論可能なタイムスケールでのインパクトで選択するという構図になったのでは、誰が考えてもSSCには分がない。「急ぐものでないから、次世代への贈り物として手を付けずに引き継いだら」という示唆もある。

批判派の描く科学の見取り図は、対等な分野間のネットワークであって、当面の資源配分は他分野へのインパクトというわけである。そこで推進派の描く構図は、チャラチャラした

ワインバーグ（1933–2021）

インパクトなどを超越した精神的なオーラとして支配－被支配の上下関係があるのだと飛躍する。「流体力学の方程式に、それを基礎付けている素粒子の標準理論を感じる」と推進派のワインバーグは書いたが、「Dブレーン」の背後に、それを基礎付けているニュートン力学を感じる」こともできる。人間が進めている営みとして科学を見るなら、後者のほうがはるかに実践的である。

真理

「オーラ」の話は公共性ある制度としての科学の現場には適さない。そこで、ルーツを探る人類の知的欲求に応える「宇宙の根源」の探究だと、推進派はアピールの方向を変えた。諸科学へのインパクトなどを超越した公衆の文化的なアスピレーションに訴えて、支持を得てから科学界に戻ってくればいいと。しかし、批判派は「そんなに人気があるなら〝公的資金〟などに頼らず、大もうけしたら」と揶揄《やゆ》し、推進派の「最終理論」というセリフも、金が絡むと、放蕩息子が「これが最終です」と親に借金を迫る情景になってしまう。

確かに、精神的欲求に応える文学、音楽などのもろもろの芸術、また宗教、スポーツといった営みにも公共性はあるが、私的な資源を基本にしている。したがって、その世界に入っていってシェアを取る売り文句がいる。そこで、「こちらは科学的真理である」と言い出す。なにしろ、神髄の理解には訓練がいるから、公衆にチンプンカンプンのものを売るにはこういう偶像化や権威主義で威圧する以外にないのだ。これこそ近世において科学が批判してやまなかったものである。

それと、研究者は「真理」とは試験答案の正解のような意味に取るが、文化世界に出れば、生きることとの根源的問いかけに応えるものが真理である。「最終理論」真理とは大分差がある。客観的真理、実証可能な真理などで他の教えに差を付けるつもりなら、科学のインパクト主義に舞い戻ることになる。したがって、文化世界ではそれほど信者が獲得できない。

サイエンスウォー

よせばいいのに、文化世界に出ていって素粒子論や宇宙論の教えをありがたいと思えと宣伝すると、俄然、哲学者から反撃が始まった。「物理学の見方は人間性を壊している」「アトミズムと数理的普遍法則は専門家集団のパラダイムに過ぎず社会構成物である」「現実の把握には理論負荷がある」「素朴実在論はソフィスティケートされていない」などと日頃感じていることを他人から言われて、物理学者の中にも鬱憤《うっぷん》が高まった。物理学者といっても千差万別で、こういうことについてどう考えようと、やっていける世界なのである。ただ柄にもなく別の世界に出ていってコミュニケーションができるかは別である。

科学者と哲学者の関係を政治家と評論家に見立てたとして、政治家が全員評論家並みにソフィスティケートされたら気味悪い。だから、少年並みにキレる物理学者もいるもので、九七年頃にアメリカのある理論物理学者が科学哲学の雑誌に偽論文を発表して、それをまったく見抜けなかった哲学者の低脳ぶりを嘲るという挙に出た。それに呼応して、あるいはもう少し品のある仕方で、科学者側からの科学哲学者への一斉攻撃が始まり、「サイエンスウォー」と呼ばれるようになった。評論家のお喋りにキレる者が出てくること自体に、筆者は物理帝国の黄昏を感じる。

公共性の基準

ＳＳＣもサイエンスウォーもアメリカの現象で、そこの科学と軍事・産業の関係、大学でのシェア争いなどが絡んでおり、読み解き方には制度的知識が必要である。しかし、そういう特殊事情を差し引いても、重要な問題が含まれている。アメリカでは権威主義で決着させないので議論が深まるのはさすが科学先進国である。

筆者はまず二十世紀物理学の時代拘束性の認識が必要であると考える。こうした脱構造化はあれこれの栄光や誇りを台無しにするから有害であるとする意見が多い。しかし、歴史の蒙を晴らしながら次世代が新しく時代を切り開くのであって、この役目を科学史家に期待したい。気軽な歴史読みものが多様な視点で数多く書かれるのを期待したい。第二に大事なのは、科学は言説で成り立っているものではないが、「制度としての科学」には公共性を語れる言説が必要だということである。二十世紀後半の五十年、国民国家の制度として科学の大半を「制度としての科学」へと変身させた物理学こそが、この基準を振りかざして生きたのである。

9　坊主か？　職人か？

『科学と幸福』

SSC中止と、続いて起こったアメリカの大学の物理教室を襲った衝撃をつぶさに見て、大いに考えさせられた。冷戦終結で物理教室を衝撃が襲うという構造はアメリカ独特であるが、日本でも科学技術基本法制定が純粋研究への投資に向かわず同様な事態に陥っている。これについて筆者は『科学と幸福』、「問われる科学者のエートス」（『現代日本文化論13　日本人の科学』〈岩波書店〉所載）、「制度としての科学」（『岩波講座　科学／技術と人間　第二巻　専門家集団の思考と行動』〈岩波書店〉所載）、など他で多く発言しているので繰り返さないが、あえて一言申すなら、過去半世紀の科学の牽引車が明らかに別物に取り替えられたことの認識が必要である。

物理学者に向けた問いかけの一つは「坊主か？　職人か？」（『科学』九四年五月号〝巻頭言〟、岩波書店）であり、ここに再録する。

「坊主か？　職人か？」

「一九八〇年代、〝統一理論と宇宙論〟の展開のなかで人々は科学の坊主的側面に陶酔した。しかし、この教典を携えてSSC建立の巨額の勧進にやってきた物理学者を前にして、生活のやりくりで陶酔から醒めていた社会はお布施を出ししぶった。〝お前たち、職人魂はどうした？〟という回答であったかも知れない。基礎的科学も坊主と職人のブレンドの仕方にもっと気を遣わねばならないようである。

基礎物理学の内部でも、人間レベルの世界からかけ離れた〝あの世〟を解明することの意味が鋭く問い直されている。重要なのは〝あの世〟の知識ではなく〝この世〟にも還流する職人的技能の発見である、という考えがある。ここで〝職人的技能〟とは例えば〝くりこみ〟〝対称性の破れ〟〝非線形〟〝カオス〟〝トポロジー〟などなどの、階層横断的な理論物理の新概念や数理的手法などを指す。確かに新しい階層には〝この世〟の階層でも有用なものがより鮮明に現われていて発見されやすいことがあり、〝あの世〟に出かけていくことは職人的技能を磨くためにも意味のあることである。したがって、一概に〝あの世〟とつきあうのを無用とはいわないが、それはあくまでも〝この世〟に還流する何かを持ってくるという期待があるからである」

職人的な〝ものの見方〟

物理学が諸科学・技術へのインパクトや「新しい自然」の拡大において重要な役目を果たすことは明らかであるし、そのことが科学界のみならず文化世界においても意義を持つ。このことは比較的自明であり、難しい議論はいらないであろう。しかし、この拡大した知識や世界に何を感じ、何を読み取り、何を行うかという次の段階では、科学に限定しない多様な価値観が入ってくるだろう。

　物理学の一般理論や概念は、この「次の段階」について何も言うことを持っていないのであろうか？　それらは単に物理学

カオス運動の軌跡

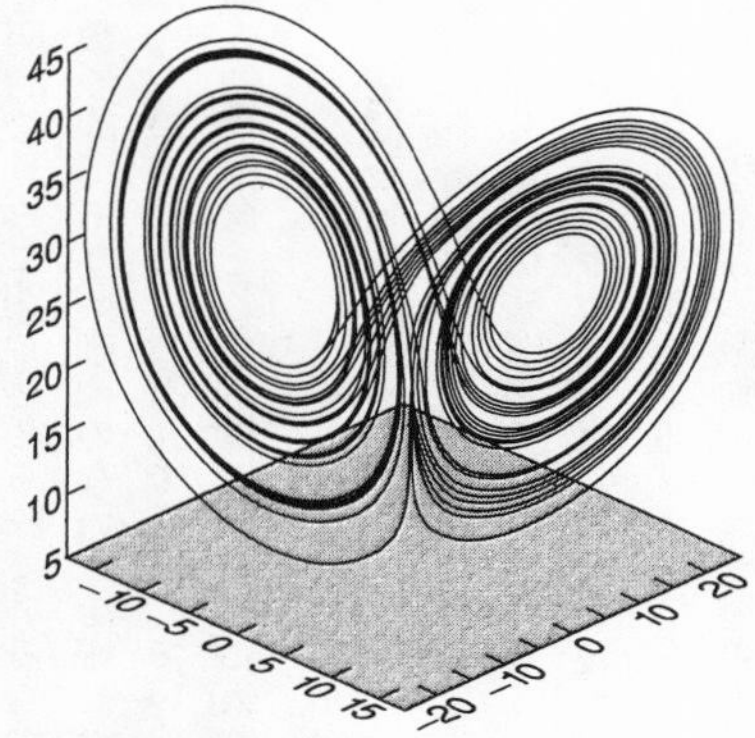

自由度が３以上のダイナミクスでは、しばしば挙動が予測できないような振る舞いが示されることが知られており、カオスと呼ばれている。図のような位相空間の軌跡が、ある振動的な振る舞いから急に別の振動的振る舞いに飛んだりする。

の専門的な営みに閉じ込められているものであろうか？　確かに、理論や概念は物理学では特に数理的であり、訓練のない人を寄せつけないから、ますます悲観的になる。しかし、筆者は〝ものの見方〟の次元で発信していくべきことはあるのではないかと考える。そのような職人的な概念として、筆者のお気に入りのものを列挙してみる。

変数空間と状態空間

力学は初等的には三次元空間での運動としてイメージされるが、解析力学では配位空間、位相空間という状態空間での軌道を考える。すなわち、実際の空間とは別に表現用の空間を導入する。この手法は質点の力学を超えて、さまざまな系一般を扱う道を拓く。系を特定する変数の組みを座標とする状態空間を構成して、系の振る舞いを状態点の動力学と見なすのである。流体や固体振動といった場の力学の記述には、無限次元の状態空間が導入される。この状態空間の方法が物理学の対象を拡大している。

状態関数と重ね合わせ

量子力学で革新的なのは、状態関数の重ね合わせである。状態空間上の状態関数（シュレーディンガーの波動関数）はベクトルの性質を持ち、ベクトルの各成分値はそれをどのような基底（単位ベクトル）で展開するかによって異なる。状態ベクトルが満たすべき方程式は線形であるから、可能な状態をいかように重ねた状態も原理的に許される。例えば、「死んだ」状態と「生きた」状態の重なった状態を排除できないが、量子的相関（可干渉性）がかき消されているがゆえに古典的描像として経験していると思われる。したがって、この「かき消す」作用を抑制できれば、実在のイメージは大きく変わる。

繰り込み理論

ミクロの世界が身近な存在になると、その事実をまったく無視している流体力学の方程式がかくも現実をうまく記述していることが不思議に思えてくる。また、素粒子場でさえ弦理論の予想する凸凹の時空を感知しないし、量子場の「真空」が無数の種類の「粒子」の出番を待っている状態である。この無限の〝未知〟を放置しても何の不都合もない。測定されるものはすでに「繰り込まれた」ものだから、低エネルギーを扱うのに必要な高エネルギーもすでに掌中にあるのである。

ダイナミクスの数理モデル

多自由度系には、個の違いを超えて独自の法則性がある。ニューロン、ネットワーク、生態、交通、金融、言語などに数理的に類似な理論が成功している。七〇年代以降では、非線形、相転移、ゆらぎ、カオス、分岐、ソリトン、結合振動子、散逸構造、シナジェティクス、不規則系、可積分系、フラクタルなどをキーワードとする研究が活発になっている。アインシュタインにこの「成功」の意味を聞いてみたい気がする。

このほかに、場の振動モードを粒子と言いくるめる「場の量子論」、時空の舞台が粒子の性質の起源とみるローレンツ対称性、さらに対称性と保存則、ゲージ原理などが続くが、すでに触れているので省略する。

おわりに

ＩＵＰＡＰの訴え

第一章で触れたアメリカ物理学会創立百年記念の学会の前に、実はＩＵＰＡＰ（国際純粋応用物理学連合）の総会があった。これは世界の物理学者の組織で三年ごとに参加国の代表が集まる委員会である。筆者はこの国際組織の役員をしていたのでこれに参加したのだが、そこで次のような、各国政府や社会に物理学振興の重要性を訴えるアピールが採択された。

「物質、エネルギー、そしてその作用の研究である物理学は、人類の進歩において鍵となる役割を演じる国際的なエンタープライズである。物理の教育と研究の支援は、全ての国において重要である。なぜなら、

1．物理学は、若い人を鼓舞し、自然についての我々の知識の前線を拡大する、エキサイティングな知的冒険である。

2．物理学は、世界経済の〝エンジン〟を駆動し続け、将来の技術の進歩のために必要な基礎知識を創造する。

3．物理学は、技術のインフラストラクチャーに寄与し、科学的進歩と発見に活躍する訓練

された人々を提供する。

4. 物理学は、他の物理科学と医用科学の専門家、それに化学者、技術者やコンピューター科学者の教育の重要な要素である。

5. 物理学は、天文学と宇宙論をはじめとして、地球、農業、化学、生物と環境の科学、すなわち、世界の全ての人々にとって不可欠の重要性を持つ課題を含む他の専門を拡大強化する。

6. 物理学は、コンピューター・トモグラフィー、磁気共鳴イメージング、陽電子放射トモグラフィー、超音波イメージング、レーザー手術といった、新しい機器と医学的応用を開発して、質の高い生活を促進する」

そして、この後に大学研究費、教室の維持、学生への奨学金、国家規模の研究施設、国際協力研究の支援、物理教育改善のプログラムの必要性を訴えている。世界的に見れば、物理学の教育研究のレベルはまだまだ低く、この呼びかけはそういう事情を加味して読む必要がある。「はじめに」で述べたような、二十世紀後半に既得権益を持った先進諸国の物理学の世界を思い浮かべるのは正しくない。

多分、これを見て気付くことは、物理学そのものの価値よりは、大部分は教育、産業、医療、環境などの他の専門への影響を訴えている点であろう。こうした浸透力が二十世紀の物理の圧倒的な性格であることは、本書でも強調している。第二期にはこの浸透力の行使を

「物理学者」自身が担っていたが、第三期には広範な専門性の人間がこれを担うように変わりつつある。しかし、現在でもまだまだ地域格差はあるし、さらなる新しい世界を拓く可能性も秘められている。それを社会に訴えている。

物理帝国から物理文化へ

支配や浸透の主体を強調した物理帝国から「物理文化」への移行があるが、圧倒的な影響力はこれからも続くものであろう。さて、それは誰も異論のないことである。それでは帝国の誇りのもう一つの、あるいは最大の眼目であった知的影響力についてはどうなるのであろうか？　量子力学の革命や物質の根源や宇宙の成り立ち、こういったことの他の知的営みに対する優位性の誇示はしないのであろうか？　それは単に物理学の中だけでの陶酔なのであろうか？　こういう疑問が浮かび上がってくる。しかし、この文書の性格上この点には触れていないのは当然で、そんな反作用や反感のあることを言わなくても物理学振興の必要性は十分ある、というスタンスである。そういう時代だという認識で、筆者もまったく同意見である。

教育と宇宙論

しかし、この知的影響力については、個人的に最もこだわりがある点である。物理学自体に触れた1の「エキサイティングな知的冒険」は、どの学問も言うことだが、物理学もその一つですよ、ではさびしい。また、「若い人を鼓舞し」というのも「社会的訓練のない若い人を惹きつける、単細胞的な人間向きの学問だからな」という陰口を誘う雰囲気が知的世界に現在ある。要素や原理への還元主義をマイナスに促える風潮である。しかし、簡明な原理を求めるという物理学の特性は捨てることはできないであろう。そして、人間の知的な営みは大なり小なりそこから出発するもので、若い人を鼓舞するという教育上の入り口としての重要性はその通りである。むしろ、若くない物理学者が、現実との対応において、そのことを認識するように成長することが大事なだけであろう。

文化世界での影響力といえば世界を広げるという単純明快な役割があるが、それだけではなく、物理学の〝ものの見方〟がどんな宇宙論を構築しているのかという、もう少しややこしい話もある。ここで宇宙とは必ずしも天体宇宙や膨張宇宙を指しているのではない。この現実の背後に何を見るかという宇宙論である。

物語としての宇宙論

森羅万象は多様で猥雑で捕らえどころがない。そういう心性が宇宙論を求めさせるのである。この場合に二つの物語があり得る。一つは、パンドラの箱のように、ある根源から森羅万象がこぼれるという物語である。物理理論としても最近活発になっている複雑系などがそれだ。非線形、散逸構造、カオス、ゆらぎなどなどのイメージには個々の事象まで細かく監視して見張っている神様はいないというもの。パンドラの箱から出たという最低限の法則性を担ってはいるが、そこで全てが決定していたわけではないという「規制緩和物語」である。もう一つは、森羅万象を常時監視しながら支配している法則がある、特にこの宇宙に棲んでいる限りは逃れられない法則の縛りを受けているということを強調する「支配物語」である。

「素粒子の標準理論がナヴィエ・ストークス方程式に根拠を与えている」という感覚は、物理学の言明というよりは、こうした「支配物語」にのった心性を表明したものに過ぎない。物理学、一般に科学の営みそれ自体はきわめて理性的、合理的、実証的、非感情的、価値中立的、一言で言えば「大変醒めた」営みであると見なされている。筆者もそうでなければならないと思うし、だいたいにおいてそうだと思う。しかし、この科学の人間集団の中で個々の人間を支える、すなわち人間の行為をそのように駆りたてる心性は何か？　これが「物語」であり、「宇宙論」である。

筆者は一般の聴衆相手によく話をしたことがあるが、そこで痛感させられることは、多くの人々は科学よりは「物語」を聞きたがっていることだ。というより、科学者は「物語」の創作者だと考えて聞きに来ている。最近は科学者に見切りをつける人も増加しているが、それも科学と「物語」の違いに勘づいたからであろう。それなら、現代社会で誰に「物語」を聞くのがよいのかといえば、他に正解があるわけではない。科学者が一人の人間として「物語」を語ってなんら悪いことはない。それが「物語」であることが明確になっていればいい。科学も「物語」を豊かにする一つの営みなのだから。

ところが、最近の科学者と世間のすれ違いは甚《はなは》だしい。世間から見ると、専門家は根源的質問が出ないように次から次へと新手の話題を付け加えて答えを先延ばしにしているように見える。というより、科学者の言い分は「その前は？」「その外は？」「宇宙がないとは？」などの永遠の問いかけに対する答えなどない、それを科学的に探究していくと次から次へとややこしい新しい世界が見えてくるのだ、ということなのである。

世間は明快で簡潔な質問への答えも簡潔だと期待している。世の中に未知の話はいくらでもある。しかし、そんなことは単にややこしいだけで専門家に任せればいいと考えている。ホーキングブームの頃、電話をかけてくる見ず知らずの人と何人も話をしたが、あまりしつこいときは、「あなた、電話が聞こえることを不思議に思いませんか？」と言って終わりにしていただいたことが何回かあった。不思議であるのか不思議でないのかという感性が何で育まれるのかきわめて不思議なことである。不思議はどこにも転がっている。不思議と思う感性がいささか鈍っているだけなのである。

四つの期待

古来「宇宙論」に期待されたものを見てみれば、それは物理学や科学の枠からもはみ出るものであった。「宇宙論」の期待に応えるのは、ある民族にとっては王様であったり、救世主であったり、宗教の教えであったり、予言者であったり、祈禱師であったり、文学者であったり、芸術家であったり、科学であったり、物理学であったり、生物学であったり、……ともかくさまざまであった。それは人類の歴史全ての政治、文化、社会を語るような途方もない問いかけである。これでは話が発散するので、大なたを振るって「期待」を四つに分類してみる。

1．宇と宙……万物の棲みか

この漢語は紀元前二世紀頃に出た『淮南子《えなんじ》』に使われている。「四方上下を宇といい、往古来今を宙という」というもので、全空間、全時間での森羅万象といった意味である。この現実を受け入れることに重点があって、その上のメタ理論については語っていない。最近の環境、生態、自然といった多様性重視の風潮に近いものである。

2．コスモロジー……調和・秩序の仕組み

万物の背後に存在する、あるいは万物をもたらした簡明な仕組みを希求するものである。これはギリシャ古代哲学に強烈で、現代の自然科学はこの流れで拡大したといえる。コスモスという言葉もギリシャ語起源で、「コスメティック（cosmetic）」という美容化粧を表す英語もコスモスに語源を持つ。コスモスは美しい調和と秩序、そしてそのコーディネーターの存在に思いを馳せるものである。

3．ユニバース……普遍・統一の仕組み

この言葉はラテン語である。古代ローマ帝国版図の世界的拡大、これが普遍であり、統一の精神的根拠であった。これは個別を超えた普遍的なものに対する憧れである。二十世紀物理学の成功を支えたのが、原子世界として、生物をはじめとする森羅万象にユニバースを見るというものであった。統一理論、物理帝国主義というのもこの流れである。

4．コスモゴニー……根拠・正統論

人間社会の起源をさかのぼると、どの社会でも血統主義という時代がある。これは統治や神性の根拠を過去に見るという心性の現われである。これが宇宙起源論や邪馬台国論争のアスピレーションとして、また皇族ブームや俳優の二世流行《ばや》りとして、現代でも根強く残存している。どんな「科学時代」になっても、こういう正統根拠を探しているのが科学だという見解を持っている科学者が多いのであるから、一向に変わらない。

科学がどう進歩しようと、宇宙論はいずれにせよこのような類型化したパターンに還元されて消費される。そして、どのパターンが知的世界で消費価値があるのかは、時代時代の社会がもろもろの要素を加味して選択していくのではないかと考えられる。

昼の見方、夜の見方

西田幾多郎《にしだきたろう》を著名にした『善の研究』（岩波書店、三六年）の「版を新にするに当って」に次の一節がある。

「フェヒネルは或朝ライプチヒのローゼンタールの腰掛に休らいながら、日麗《うららか》に花薫《かお》り鳥歌い蝶舞う春の牧場を眺め、色もなく音もなき自然科学的な夜の見方に反して、ありの儘が真である昼の見方に耽《ふけ》ったと自らいっている。私は何の影響によったかは知らないが、早くから実在は現実そのままのものでなければならない、いわゆる物質の世界という如きものはこれから考えられたものに過ぎないという考を有《も》っていた」

これは昭和十年代、戦争の足音が聞こえはじめた時代の知識青年を魅了した文章である。ここに登場するドイツのグスタフ・フェヒネル（フェヒナー）の『精神物理学要綱』（一八六〇年）はマッハに大きな影響を与えたものであり、また西田の思想はいわゆるマッハの哲学と軌を一にする。世界は感性的要素から成り立つとし、科学の目標は諸要素の安定した関係の集合体を築くことであるとした。観念の世界も物質の世界もともに否定して、一切の形而上学的存在を排しようとした。マッハにとってこの原理の早合点《はやがてん》の結論が、元素を担う原子の否定だったわけだ。

新たなマッハ主義でサークルを閉じる

ここで対比されているのは、「昼の見方」と「夜の見方」である。もちろん、物理学は典型的な夜の見方である。物理学は「ありのままが真である」見方を軽蔑する。筆者はよく物理学の学習は「ありのままに世界を見ない」手法を身に付けるための修行だと言ってきた。夜の見方の座標を据えることで昼の見方の特殊性を炙り出して、昼の見方に理解を深めるというものである。多分、物理学に欠けている面があったとすれば、ただ夜の見方の世界を拡大していくだけで、それが昼の見方に還ってきていないことであったかもしれない。

筆者は新実証主義の議論での感覚や経験の範囲を拡大する必要があると考えている。すなわち、観測や測定や検出といった機器を用いた、あるいは機器を間に置いた感性的要素に拡大すればいいのである。そうすれば、マッハ主義の精神は現代の科学でも十分生きていける。筆者は「機器によってのみ結び付いた素粒子の世界や宇宙の端の世界は貧しい」ということをしばしば言っているが、それもこの意味である。ミクロの新世界を根拠付けているのはマクロ世界であるという見方が必要である。こう見ると、科学の進展を支えているのは技術に支えられた世界の拡大であると言えよう。

二十世紀の物理学は百年前とは比較にならないほどに人間の感覚や脳について理解を深めている。新たなマッハ主義が大きなサークルを閉ざすことになるのかもしれない。

この時代の西田の関心は西洋に対する我が国独自の文化にある。そして、時代がややこしい状況にあったから、安易な「国粋主義」とも危ない関係にあった。そのことに注意するとしても、科学の一側面として文化ということを意識するなら、明治まで日本において営まれてきた類似のものに関心を示すべきであろう。

〝もの〟と〝物〟

物理学という命名はそれほど古いものではない。明治の初期のことで、西周《にしあまね》が二分法で窮理から物理と心理という言葉を作ったようである。「物」という字を見て、物質、物体の学問と考えるのは早合点である。このことは日常会話での「もの」という言葉の持っている多様な意味を考えてみる必要がある。

例えば、「物質」と「ものの見方」と言うときのもの（物）の意味が違っていることに気付く。現在では和語の〝もの〟と漢語の〝物〟を何気なく同一視している。実際、この翻訳はそれこそ漢字の日本への移入時までさかのぼる。しかし、「もののあはれ」「ものたりない」などの〝もの〟は急には物質と結び付かない。〝物〟が物質の意味を持ちはじめたのは江戸時代の後期である。石ころと食物を同じ物質と見なしたりする感覚はもともとなかったのだと思う。日本語の〝もの〟は相当広い意味が込められている。

中国古典で〝物〟という漢字の使い方でよく知られた例に、『大学《だいがく》』の「格物致知《かくぶっちち》」と『荘子《そうじ》』の「斉物《せいぶつ》」がある。前者は朱子学が重視したもので、現在の物理や物質の起源はこの格物の〝物〟の流れをくむ。窮理の対象としてのものである。何か客観的な存在であり、それでもって心を制することの必要性を説いたものである。例えば、江戸時代の儒学者、荻生徂徠《おぎゅうそらい》の言い方をすれば、この〝物〟とは政治、法制度、社会組織（これには技術も含まれる）などの客観的なものを指す。そして、これは技術そのものに目が行けば、自然科学的な事物を含む物に容易に特化される。江戸時代には、博物学、物産会などの用例を経て〝物〟は物と事に分離した。

一方、「斉物」は物と斉《ひと》しくする、すなわち万物が一つの意味である。これは老荘思想や、「山川草木悉皆成仏《さんせんそうもくしっかいじょうぶつ》」を説く仏教、あるいは禅、詩歌、武道、茶道など、日本の中世から近世にかけての文化の基礎にある心性である。今でも、これは日本人の美意識などと言ったときに登場する。格物致知が窮理を説くのに対して、そういう人工的な理屈を超えた実存的な行為を重視する流れと言える。「もののあはれ」とかの和語の〝もの〟はこちらにより親近性がある。また、窮理が夜の見方とすれば、こちらは昼の見方と言える。西田幾多郎は晩年「物となって考え物となって行う」ことに日本固有の文化を見ているという（源了円「西田幾多郎の日本文化論における『物』をめぐる思想」『思想』九八年六月号、岩波書店）。両者の統一を構想していたとも言える。

〝もの〟と〝ものの見方〟

普通、日本語で〝ものの見方〟と言えば、それは社会的に行動する人間を前提にしている。心の修養を含めてそうである。そういう意味で物理学の〝ものの見方〟はいかなる位置にあるのか？　こういう問いかけはいささか唐突であるが、文化との関係を考える際にはぶつかる問題である。物理学は〝ものの見方〟としての文化なのか？　単純に、浸透性のある強力な道具なのか？　これは先に述べた「坊主か？　職人か？」にも関わっており、二十一世紀における物理学のありようを考える際の一つの座標軸であるような気がする。

学術文庫版へのあとがき　『物理学の世紀』から四半世紀経って

二十世紀末と冷戦終結

この本は集英社新書の創刊時（一九九九年）のラインアップの一冊として公刊されたものである。その数年前から私は集英社の年刊情報誌『イミダス』の物理学の項目を執筆していた。京大物理教室で同僚だった統計力学の蔵本由紀氏と二人で分担していた。そちらの担当者だった小峰氏が新書編集部に「物理学の世紀」という企画を売り込んだことで本書が成立した。

一九九一年のソ連崩壊に続く冷戦終結後のグローバル化の中で先端科学の風景が急速に変貌していった。世紀末の一九九〇年代では、「二十世紀は物理学の時代」と総括されると同時に、「これからはバイオ」とか「これからは情報」といった二十一世紀論も活発になっていた。米ソ冷戦時代には貴公子であった素粒子やスペースのビッグサイエンスだが、クリントン大統領時代の副大統領だったアル・ゴアは情報スーパーハイウェイや地球環境の「不都合な真実」を訴えていた。二十世紀終末に向け、素粒子加速器ＳＳＣの中止など、物理学の流れは明らかに、大きくカーブを曲がろうとしていた。この時期の息吹が感じられる本書が文庫本として長く手に取れるようになったことは喜びである。

世紀末の京大定年

急に個人的な流れになるが、本書を執筆した二十世紀末は同時に私が京都大学を定年退職する時期でもあった（二〇〇一年三月退職）。京大で主宰していた宇宙物理学の研究室は先代の林 忠四郎《はやしちゅうしろう》が創始したものであるが、世界的なこの学問の興隆期とも重なり、多くの成果を挙げ活況を呈した。一九八五年に基礎物理学研究所から移籍してこの研究室を継承し、引き続き活況を維持し、発展させることができたと自分では評価している。

最近、日本天文学会の学会誌『天文月報』の企画である「天文学者たちの昭和」のロングインタビューシリーズで自分の宇宙物理学研究の歴史を語っている（高橋慶太郎「佐藤文隆氏ロングインタビュー」『天文月報』二〇二三年四月号―二〇二四年三月号）。自分で言うのも烏滸《おこ》がましいが、まあまあの成果を挙げて定年を迎えることができたと思うが、それ以来、既に四半世紀が経過している。

実は京大退職以後は宇宙物理学の研究に従事してはいない。近年のような長寿社会では、終生現役のような研究者美学が幅を利かせているが、私は退職時に宇宙物理学の研究は卒業して、別のテーマで知的生活を送ろうと積極的に考えていた。そのテーマが量子力学である。フロントの論文を書く研究へ参加するという意味でなく、自由気ままな知的生活を送りたいという江戸や明治の隠居老人の美学である。

量子力学への還流

今から考えると奇矯な選択に見えるかも知れないが、我々の世代より以前の定年教授には結構そういう人が存在したものである。

それから四半世紀、「正解であったか？」と問われれば「時代の変化を見通せなかった」という意味では正解でなかった。第一に健康寿命がこれほど長くなるとは思っていなかったし、第二にはインターネットの発達で研究情報流通やコミュニケーションの状況がこれほど変わるとは予想できなかった。在宅での海外との討論や論文作成が可能になるとは夢想もしなかった。しかしこの誤算に気づいた時にはもう手遅れだった。

ただ、誤算には負の誤算も正の誤算もある。オリジナルな研究論文の世界から逃避した知的生活の意味での「量子力学」の選択であったが、理論物理、先端技術、科学哲学……などさまざまな意味合いにおいて量子力学が科学と技術の前面にもう一度還流したことである。遠い過去のＥＰＲなどのボーア・アインシュタイン論争に逃避するつもりであったのが、量子もつれを原資とする量子コンピューターや量子暗号などの技術の投資先に登場するとともに、科学愛好家の関心も自然に「何事か？」と注目を引くようになった。現役の時には宇宙物理学への世間の関心に応じて「物書き科学者」になっていたが、今度はテーマを変えて

「量子力学解釈」などの「物書き」になって、隠居どころか高揚した気分で過ごすことになった。「量子」の単行本執筆は十冊近くに達するが、最近の拙著は『量子力学の100年』(青土社)である。

「物理のデザイン——成熟」とは

本書が描いた物理学の転換期の予想は概ね正しかったと思うが、二十世紀「物理学の世紀」の後の四半世紀の物理学も進展著しい。以下にはそれらを世相的に傍観した私の印象を列記しておく。

この本では二十世紀「物理学の世紀」を「X線からクォークまで」と捉え、「創造」(第二章　原子の言葉)から「展開」(第三章　物理帝国)への二段階で記述した。偶然かも知れないが、この時期の終焉が冷戦崩壊という政治事件と符合しており、本書は両者が関連しているという立場であり、スッキリした語りになっている。ところがその後の時代をどう特徴づけるかの明確な見通しは定まらず、第四章が「物理のデザイン——成熟」という曖昧な言い方になっているのはそのためである。第四章の目次を見ても、物理学内の分類を逸脱した記述になっている。

ここで「デザイン」という言葉は、素材や手段を手にしてそれらを社会のさまざまな目的・場面に応じて実装していく創意工夫、といった意味に用いている。「物理の」という場合の「素材や手段」とは「原子世界の探検」で手に入れた宝物を指す。原子世界征服の財宝である電子と光子を量子力学で制御するハイテクの登場である。バイオや情報の分野をハードウエアの威力で革新したのが物理帝国の意味であったが、この後も続くハイテクの深化と成熟は森羅万象の探索を加速し物理学に新たな地平を開くと期待されている。

レーザーの進化と重力波発見

特にレーザー技術の高度化は目を見張るものがあった。光コムや日本で生み出された光格子時計による原子時計の精度向上は、重力波検出や重力時間遅れといった一般相対論の原理が活躍する実験道具を提供している。さらにレーザー技術は原子ビームのクーリングから始まって高強度化やアット秒に及ぶ極短時間化の発明を可能にした。ノーベル物理学賞のテーマとしてもレーザー関係が多い。

二〇一六年に発表された重力波の鮮やかな検出はレーザー測定技術の精華と言える。宇宙現象として予想される重力波のさまざまな波長に応じた新たな検出に発展していく大きな可能性を秘めており、量子技術の挑戦の場でもある。また地球規模やスペース規模での観測システムの必要性は国際協力が必然的になる。レーザーではないが、地球規模の電波干渉計による国際協力のＥＨＴは二〇一九年にブラックホールの「撮影」に成功した。犯罪捜査にも共通する画像解析の腕の見せどころである。

半導体技術の異次元の発展

情報通信産業の大躍進による豊富な資金の投資に支えられた半導体技術、シリコンテクノロジーは微細加工技術を量子限界にまで進歩させた。二十一世紀に入った頃からのUSBメモリやハードディスクのバイトあたりの値段が百万倍も安くなるという異次元の経験をした。この背景には微細加工の産業技術の途方もない進歩があったのであり、スマホの携帯が必須であるような新社会が登場した。

人々の生活や振る舞いが変化しつつあるところに、ChatGPTのようなＡＩシステムの利用が人々の近辺に及び、職業のイメージを大きく変貌させつつある。自動的なデータ取得と情報処理能力の一般社会での普及がこれから起ころうとしている。これは経済や生活だけでなく、研究の場面でもデータ科学の手法が常習化してくることで、研究者のエートス、価値観や美学にも変動をもたらすであろう。

人工の機能性用材メタマテリアル

このような量子的に新しい物質ではなく、建築用材にも利用できるようなメタマテリアルや量子ドットのような新物質の展開もあった。物質の誘電、磁気、光学上の振る舞いは個々の原子の性質の集団的な振る舞いとして理解される。そこで天然の原子の代わりに、ある特性を持つ多数の人工的な原子の集団に目的とする機能を持たせる新物質を作ることができる。電波のアンテナの役割を果たす小さな金属のリングが多数配列された用材のメタマテリアルを作ることで、そしてそれを建物の窓や壁に使うことで、電波環境を整えやすくなる。また太陽光で熱せられて放出される赤外線が大気の吸収のない波長域に限って放出するメタマテリアルを製造することで、それを冷却シートとして利用することができる。自在に光線を導くことのできるメタマテリアルを開発して透明マントのような新物質も登場する。

ニュートリノ物理の躍進

素粒子物理学は二〇一二年に標準理論のだめ押しとしてヒッグス粒子をセルン（CERN）の加速器で検出した。エネルギーフロンティアの加速器建設はストップした一方で、高強度加速器はニュートリノ実験を下支えしている。質量の存在を意味するニュートリノ振動は梶田《かじた》隆章《たかあき》ノーベル賞のように宇宙線ニュートリノや太陽ニュートリノで検出されたが、その後は加速器からのビームで発生したニュートリノを数百キロメートル離れたスーパーカミオカンデのような検出器でキャッチする実験である。ニュートリノ源としては原子炉も用いられている。質量の固有状態とレプトンの三つの種類の状態が一致しておらず、重なり合いの行列が実験的に明らかにされている。この重なり合いのCP対称性破れの検出が目標になっているが、これが分かれば宇宙のバリオン数形成に進展があると期待されている。

大型宇宙望遠鏡による天文学の復権

二十世紀には、原子や原子核、素粒子の物理学は恒星のエネルギーや元素の起源を説明し、天文学は物理学の一分野に組み込まれた様相を呈した。しかし、二十世紀末に系外惑星が発見され、現在その数は数千に達している。また膨張宇宙での銀河の形成について測位宇宙望遠鏡「ガイア」（二〇一四―二四年運用）や高分解の「ジェイムズ・ウェッブ宇宙望遠鏡（JWST）」（二〇二二年運用開始）が次々と新たな情報を提供している。多様性が売りものの天文学は復権を遂げつつあると言える。

二〇一〇年代に膨張宇宙モデルの標準パラメータがデータ科学的に確定したとされた。そこではダークマターとダークエネルギーが主成分で、原子物質は五パーセントに過ぎないという異常な姿が強調された。特にダークエネルギー仮説は加速膨張の観測から示唆されたものだが、ここでの距離測定は新星の一定光度を仮定したものであり、更なる検証が必要であろう。またダークマターは星の運動に及ぼす見えない重力源という意味であり、正体は定かでない。素粒子状のものから天体状の原始ブラックホールの可能性まで幅広い。素粒子状ダークマターの検出が競われているが兆候は見つかっていない。標準パラメータ推定に大きな役割を果たしたのは宇宙測定機WMAPやPLANCK（二〇一三年公開）での宇宙背景放射CMBの観測であり、大規模プロジェクトの威力を印象づけた。CMBの揺らぎの性質から、揺らぎは真空場の量子揺らぎが起源と考えられている。大気中の青空散乱光が偏光しているように、CMBも電子散乱で偏光が生成される。偏光のパターンに二つのモード、密度揺らぎがもたらすEモードと重力波がもたらすBモードがあり、その観測の努力がされている。

躍進する新たな理論概念

こうしたハイテク絡みの進展は私の守備範囲でもないので、ここからは基礎物理での理論的コンセプトでの進展について述べる。

この見通しについて本文第四章9節「坊主か？　職人か？」において次のように書いている。

「人間レベルの世界からかけ離れた〝あの世〟を解明することの意味が鋭く問い直されている。重要なのは〝あの世〟の知識ではなく〝この世〟にも還流する職人的技能の発見である、という考えがある。ここで〝職人的技能〟とは例えば〝くりこみ〟〝対称性の破れ〟〝非線形〟〝カオス〟〝トポロジー〟などなどの、階層横断的な理論物理の新概念や数理的手法などを指す」

この予想が大きく的中したのがトポロジーである。この面では超弦理論と物性物理学が同じ理論課題を扱っているのである。ただし、サイエンスの世界では大きな差が出てくる。超弦理論では実験と結び付きができないのに対して、物性物理学ではトポロジーという新たな自由度に対応した新物質を次々と創成できるのである。これら新物質は将来の量子コンピューターなどの量子技術に使われる可能性を秘めている。

エンタングルメント・エントロピー

トポロジーと並ぶもう一つの理論概念の新たな進展はエントロピーであった。十九世紀熱力学から始まったエントロピーは、統計力学によって、原子の集団における混在の様子の数量的目安として理解された。しかし長い間、無秩序と完全秩序の両極端での場合にのみ使われていたが、さまざまな中間的な乱れと秩序の目安としてもその有効性が確認されてきた。原子の集団と情報シンボルの集団は数学的表現においては同一性を有する。情報科学において統計力学の手法が活躍しているのは新たな理論的展開であった。またこの進展は量子情報におけるエントロピーの活躍にも通じ、量子場のエントロピーや量子もつれ（エンタングルメント）のエントロピーが論ぜられるようになった。一九七五年ごろから注目されたブラックホールのエントロピーを接点にアインシュタイン重力理論を〝熱力学〟とみなす新たな時空原子論への突破口になると期待されている。

SI単位系の量子化

国際的な単位系の標準の見直しが行われて、二〇一八年、長さと重さの原器からミクロな物理的現象を標準とするシステムに移行した。まず一九六七年に時間の標準として、Cs原子が放射するあるマイクロ波の振動回数で一秒を定義した。続いて光速の数字を定義して、光が進む時間が長さの定義に変わった。そして、二〇一九年、最後に残ったキログラム原器に代わる重量の標準はプランク定数の数値を定義して決まることになった。ここではジョセフソン効果と量子ホール効果というマクロなデジタル量子効果が登場する。電磁気力と重力をバランスさせるワットバランス法という手法が用いられる。重さを電流で測る電気秤を用いることでキログラムとプランク定数が関係するのである。このほか電磁気の単位には素電荷、モルの単位には結晶の格子間隔と体積からアボガドロ定数が定義された。度量衡の計量の世界も日々進化しているのである。拙著、佐藤文隆・北野正雄『新SI単位と電磁気学』(岩波書店、二〇一八年)を参考されたい。

二〇二四年二月二日

佐藤文隆

KODANSHA

本書の原本『物理学の世紀――アインシュタインの夢は報われるか』は、一九九九年に集英社新書から刊行されました。

佐藤文隆（さとう　ふみたか）

1938年，山形県生まれ。京都大学名誉教授。専攻は一般相対論，宇宙物理学。トミマツ・サトウ解の発見などの業績を上げるとともに，啓蒙書の執筆も多数手がける。著書に『アインシュタインが考えたこと』『宇宙論への招待』『科学と幸福』『現代の宇宙像』『量子力学のイデオロギー』『職業としての科学』『佐藤文隆先生の量子論』『量子力学の100年』など。

講談社学術文庫

定価はカバーに表示してあります。

物《ぶつ》理《り》学《がく》の世《せい》紀《き》

佐藤文隆《さとうふみたか》

2024年5月14日　第1刷発行

発行者　森田浩章
発行所　株式会社講談社
　　東京都文京区音羽 2-12-21 〒112-8001
　　電話　編集（03）5395-3512
　　　　　販売（03）5395-5817
　　　　　業務（03）5395-3615
装　幀　蟹江征治
印　刷　株式会社広済堂ネクスト
製　本　株式会社国宝社
本文データ制作　講談社デジタル製作

ISBN978-4-06-535813-9

「講談社学術文庫」の刊行に当たって

これは、学術をポケットに入れることをモットーとして生まれた文庫である。学術は少年の心を養い、成年の心を満たす。その学術がポケットにはいる形で、万人のものになることは、生涯教育をうたう現代の理想である。

こうした考え方は、学術を巨大な城のように見る世間の常識に反するかもしれない。また、一部の人たちからは、学術の権威をおとすものと非難されるかもしれない。しかし、それはいずれも学術の新しい在り方を解しないものといわざるをえない。

学術は、まず魔術への挑戦から始まった。やがて、いわゆる常識をつぎつぎに改めていった。学術の権威は、幾百年、幾千年にわたる、苦しい戦いの成果である。こうしてきずきあげられた城が、一見して近づきがたいものにうつるのは、そのためである。しかし、学術の権威を、その形の上だけで判断してはならない。その生成のあとをかえりみれば、その根は常に人々の生活の中にあった。学術が大きな力たりうるのはそのためであって、生活をはなれた学術は、どこにもない。

開かれた社会といわれる現代にとって、これはまったく自明である。生活と学術との間に、もし距離があるとすれば、何をおいてもこれを埋めねばならない。もしこの距離が形の上の迷信からきているとすれば、その迷信をうち破らねばならぬ。

学術文庫は、内外の迷信を打破し、学術のために新しい天地をひらく意図をもって生まれた。文庫という小さい形と、学術という壮大な城とが、完全に両立するためには、なおいくらかの時を必要とするであろう。しかし、学術をポケットにした社会が、人間の生活にとってより豊かな社会であることは、たしかである。そうした社会の実現のために、文庫の世界に新しいジャンルを加えることができれば幸いである。

一九七六年六月

野間省一

自然科学

764
村上陽一郎著
近代科学を超えて

クーンのパラダイム論をふまえた科学理論発展の構造を分析。科学の歴史的考察と構造論的考察から、科学史と科学哲学の交叉するところに、科学の進むべき新しい道をひらいた気鋭の著者の画期的科学論である。

844
森　毅著
数学の歴史

数学はどのように生まれどう発展してきたか。数学史を単なる記号や理論の羅列とみなさず、あくまで人間の文化的な営みの一分野と捉えてその歩みを辿る。知的な挑発に富んだ、歯切れのよい万人向けの数学史。

979
森　毅著（解説・野崎昭弘）
数学的思考

「数学のできる子は頭がいい」か、それとも「数学などやる人間は頭がおかしい」か。ギリシア以来の数学的思考の歴史を一望。現代数学・学校教育の歪みを一刀両断。数学迷信を覆し、真の数理的思考を提示。

996
森　毅著（解説・村上陽一郎）
魔術から数学へ

西洋に展開する近代数学の成立劇。小数はどのように生まれたか、対数は、微積分は？　宗教戦争と錬金術が猖獗を極める十七世紀ヨーロッパでガリレイ、デカルト、ニュートンが演ずる数学誕生の数奇な物語。

1332
池田清彦著
構造主義科学論の冒険

旧来の科学的真理を問い直す卓抜な現代科学論。科学理論を唯一の真理として、とめどなく巨大化し、環境破壊などの破滅的状況をもたらした現代科学。多元主義にもとづく科学の未来を説く構造主義科学論の全容。

1341
杉田玄白著／酒井シヅ現代語訳（解説・小川鼎三）
新装版　**解体新書**

日本で初めて翻訳された解剖図譜の現代語訳。オランダの解剖図譜『ターヘル・アナトミア』を玄白らが翻訳。日本における蘭学興隆のきっかけをなし、また近代医学の足掛かりとなった古典的名著。全図版を付す。

《講談社学術文庫　既刊より》

自然科学

1534
沼田　眞・岩瀬　徹著
図説　日本の植生

植物を群落として捉え、長年の丹念なフィールドワークをもとにまとめた労作。植物と生育環境の関係に視点を据え、群落の分布と遷移の特徴を簡明に説いた入門書で、日本列島の多様な植生を豊富な図版で展開。電P

1614
梶田　昭著（解説・佐々木　武）
医学の歴史

盛り沢山の挿話と引例。面白く読める医学史。絶えざる病との格闘。人間の叡智を傾けた病気克服のドラマとは？　主要な医学書の他、思想や文学書の文書まで自在に引用し、人類の医学発展の歩みを興味深く語る。電P

1644
牧野富太郎著
牧野富太郎自叙伝

植物分類学の巨人が自らの来し方をふり返る。幼少時から植物に親しみ、独学で九十五年の生涯の殆どを植物研究に捧げた牧野博士。貧困や権威に屈せず、信念を貫き通した博士が、独特の牧野節で綴る「わが生涯」。電P

2019
佐貫亦男著
不安定からの発想

ライト兄弟の飛行を可能にしたのは、勇気と主体的な制御思想だった。過度な安定に身を置かず、自らが操縦桿を握り安定を生み出すのだ、と。航空工学の泰斗が現代人に贈る、不安定な時代を生き抜く逆転の発想。電P

2057
寺田寅彦著（解説・畑村洋太郎）
天災と国防

地震・津波・火炎・大事故・噴火などの災害についての論考やエッセイ十一編を収録。物理学者にして名随筆家は、平時における天災への備えと災害教育の必要性を説く。未曽有の危機を迎えた日本人の必読書。電P

2082
貝塚爽平著（解説・鈴木毅彦）
東京の自然史

大地震で数メートルも地表面が移動する地殻変動、一〇〇メートル以上あった氷河期と間氷期の海水面の変化。百万年超のスパンで東京の形成過程を読み説く地形学による東京分析の決定版。散歩・災害ＭＡＰにも。電P

自然科学

2098
生命の劇場
J・v・ユクスキュル著／入江重吉・寺井俊正訳

ダーウィニズムと機械論的自然観に覆われていた二〇世紀初頭、人間中心の世界観を退けて、著者が提唱した「環世界」とは何か。その後の動物行動学や哲学、生命論に影響を及ぼした、今も新鮮な生物学の古典。

電P

2131
ヒトはなぜ眠るのか
井上昌次郎著

進化の過程で睡眠は大きく変化した。肥大した脳は、ノンレム睡眠を要求する。睡眠はなぜ快いのか？　子供の快眠と老人の不眠、睡眠と冬眠の違い、短眠者と長眠者の謎……。最先端の脳科学で迫る睡眠学入門！

電P

2143
地形からみた歴史　古代景観を復原する
日下雅義著

「地震」「水害」「火山」「台風」……。自然と人間によって、大地は姿を変える。「津」「大溝」「池」……。『記紀』『万葉集』に登場する古日本の姿を、航空写真、地形図、遺跡、資料を突き合わせ、精確に復原する。

電P

2158
地下水と地形の科学　水文学入門
榧根　勇著

三次元空間を時間とともに変化する四次元現象である地下水流動を可視化する水文学。地下水の容器としての不均質で複雑な地形と地質を解明した地下水学は、環境問題にも取り組み、自然と人間の関係を探究する。

電P

2175
パラダイムと科学革命の歴史
中山　茂著

科学とは社会的現象である。ソフィストや諸子百家の時代から現代のデジタル化まで、科学史の第一人者による「学問の歴史」。新たなパラダイムが生まれ、科学者集団が学問的伝統を形成していく過程を解明。

電P

2187
「ものづくり」の科学史　世界を変えた《標準革命》
橋本毅彦著

「標準」を制するものが、「世界」を制する！　標準化は製造の一大革命であり、近代社会の基盤作りだった。Ａ４、コンテナ、キーボード……。今なお進行中の人類最大のプロジェクト＝標準化のドラマを読む。

電P

自然科学

2240
生命誌とは何か
中村桂子著

「生命科学」から「生命誌」へ。博物学と進化論、DNA、クローン技術など、人類の「生命への関心」を歴史的にたどり、生きものの多様性と共通性を包む新たな世界観を追求する。ゲノムが語る「生命の歴史」。

電P

2248
生物学の歴史
アイザック・アシモフ著／太田次郎訳

人類は「生命の謎」とどう向き合ってきたか。古代ギリシャ以来、博物学、解剖学、化学、遺伝学、進化論などの間で揺れ動き、二〇世紀にようやく科学として体系を成した生物学の歴史を、SF作家が平易に語る。

2256
相対性理論の一世紀
広瀬立成著

時間と空間の概念を一変させたアインシュタイン。「力の統一」「宇宙のしくみ」など現代物理学の起源となった研究はいかに生まれたか。科学の常識を根底から覆した天才の物理学革命が結実するまでのドラマ。

電P

2265
寺田寅彦　わが師の追想
中谷宇吉郎著（解説・池内　了）

その文明観・自然観が近年再評価される異能の物理学者に間近に接した教え子による名随筆。研究室の様子から漱石の思い出まで、大正～昭和初期の学問の場の闊達な空気と、濃密な師弟関係を細やかに描き出す。

電P

2269
奇跡を考える　科学と宗教
村上陽一郎著

科学はいかに神の代替物になったか？　奇跡の捉え方を古代以来のヨーロッパの知識の歴史にたどり、また宗教と科学それぞれの論理と言葉の違いを明らかにして、人間中心主義を問い直し、奇跡の本質に迫る試み。

2288
ヒトはいかにして生まれたか　遺伝と進化の人類学
尾本恵市著

人類は、いつ類人猿と分かれたのか。ヒトが直立二足歩行を始めた時、DNAのレベルでは何が起こっていたのか。遺伝学の成果を取り込んでやさしく語る、人類誕生の道のり。文理融合の「新しい人類学」を提唱。

電P

自然科学

2315

数学の考え方

矢野健太郎著（解説・茂木健一郎）

数学とは人類の経験の集積である。ものの見方、考え方の歴史としてその道程を振り返るとき、眼前には見たことのない「風景」が広がるだろう。数えることから現代数学までを鮮やかにつなぐ、数学入門の金字塔。

2346

イヌ　どのようにして人間の友になったか

J・C・マクローリン著・画／澤崎　坦訳（解説・今泉吉晴）

アメリカの動物学者でありイラストレーターでもある著者が、人類とオオカミの子孫が友として同盟を結ぶまでの進化の過程を、一〇〇点以上のイラストと科学的推理をまじえてやさしく物語る。犬好き必読の一冊。

2360

天才数学者はこう解いた、こう生きた　方程式四千年の歴史

木村俊一著

ピタゴラス、アルキメデス、デカルト……天才の発想と生涯に仰天！　古代バビロニアの60進法からヒルベルトの「二〇世紀中に解かれるべき二三の問題」まで、数学史四千年を一気に読みぬく痛快無比の数学入門。

2370・2371

人間の由来（上）（下）

チャールズ・ダーウィン著／長谷川眞理子訳・解説

『種の起源』から十年余、ダーウィンは初めて人間の由来と進化を本格的に扱った。昆虫、魚、両生類、爬虫類、鳥、哺乳類から人間への進化を「性淘汰」で説明。我々はいかにして「下等動物」から生まれたのか。

2382

アーネスト・サトウの明治日本山岳記

アーネスト・メイスン・サトウ著／庄田元男訳

幕末維新期の活躍で知られる英国の外交官サトウ。彼は日本の「近代登山の幕開け」に大きく寄与した人物でもあった。富士山、日本アルプス、高野山、日光と尾瀬……。数々の名峰を歩いた彼の記述を抜粋、編集。

2410

星界の報告

ガリレオ・ガリレイ著／伊藤和行訳

月の表面、天の川、木星……。ガリレオにしか作れなかった高倍率の望遠鏡に、宇宙は新たな姿を見せた。その衝撃は、伝統的な宇宙観の破壊をもたらすことになる。人類初の詳細な天体観測の記録が待望の新訳！

《講談社学術文庫　既刊より》

自然科学

2472
原　克《かつみ》著（解説・佐藤良明）
流線形の考古学
速度・身体・会社・国家

空気力学の精華、速度・燃費・形状革命として作られた「流線形」車エアフロー。それは社会の事象全体に関してムダの排除、効率化、社会浄化を煽る記号となる。二〇世紀前半を席巻した流線形の科学神話を通覧。

電P

2519
アルバート・アインシュタイン著／井上　健訳（解説・佐藤優／筒井　泉）
科学者と世界平和

ソビエトの科学者との戦争と平和をめぐる対話「科学者と世界平和」。時空の基本概念から相対性理論の着想、統一場理論への構想まで記した「物理学と実在」。平和と物理学、それぞれに統一理論はあるのか？

電P

2525
村上陽一郎著
日本近代科学史

明治維新から昭和を経て、科学と技術の国になった日本。だが果たして日本人は、西欧に生まれ育った〝科学〟を本当に受け容れたのか。西欧科学から日本文化の五〇〇年を考察した、壮大な比較科学思想史！

電P

2541
池内　了著
物理学と神

物理学は神を殺したか？　アリストテレスから量子力学まで、人間は至高の存在といかに対峙してきたか。「神という難問」に翻弄され苦闘する科学史を、名手が軽妙かつ深く語るサイエンス・ヒストリー！

電P

2553
武田喬男著（解説・藤吉康志）
雨の科学

雲から雨が降るのは、奇跡的な現象だ。最大半径三ミリ、秒速九メートルの水滴が見せてくれる地球の不思議。雲粒のでき方から、多発する集中豪雨のメカニズム、人工降雨の可能性まで、やさしく奥深く解説する。

電P

2574
渡辺賢治著
漢方医学
「同病異治」の哲学

二〇〇種の漢方生薬は、どうして効くのか。同じ病名でも人によって治療が異なる「同病異治」の哲学とはいったい何か？　東洋の哲学と西洋医学を融合させた、日本漢方。その最新研究と可能性を考察する。

電P

自然科学

2580
西洋占星術史 科学と魔術のあいだ
中山　茂著（解説・鏡リュウジ）
「星占い」の起源には紀元前一〇世紀頃、現在のバグダッド南方に位置するバビロニアで生まれた技法がある。紆余曲折を経ながら占星術がたどってきた長大な道のりを描く、コンパクトにして壮大な歴史絵巻。　電P

2586
脳とクオリア なぜ脳に心が生まれるのか
茂木健一郎著
ニューロン発火がなぜ「心」になるのか？「私が私であることの不思議」、意識の謎に正面から挑んだ、茂木健一郎の核心！　人工知能の開発が進み人工意識が現実的に議論される時代にこそ面白い一冊！　電P

2600
形を読む 生物の形態をめぐって
養老孟司著
生物の「形」が含む「意味」とは何か？　解剖学、生理学、哲学、美術……古今の人間の知見を豊富に使って繰り広げられる、スリリングな形態学総論！　形を読むことは、人間の思考パターンを読むことである。　電P

2605
暦と占い 秘められた数学的思考
永田　久著
古代ローマ、中国の八卦から現代のグレゴリオ暦まで古今東西の暦を読み解き、数の論理で暦と占いのつながりを明らかにする。伝承、神話、宗教に迷信や権力欲も取り込んだ知恵の結晶を概説する、蘊蓄満載の科学書。　電P

2611
ガリレオの求職活動　ニュートンの家計簿 科学者たちの生活と仕事
佐藤満彦著
「お金がない、でも研究したい！」〝科学者〟という職業が成立する以前、研究者はいかに生計を立てたのか。パトロン探しに権利争い、師弟の確執――天才たちの波瀾万丈な生涯から辿る、異色の科学史！　P

2646
物理学の原理と法則 科学の基礎から「自然の論理」へ
池内　了著
世界の真理は、単純明快。テコの原理から$E=mc^2$量子力学まで、中学校理科の知識で楽しく読めて、エッセンスが理解できる名手の見事な解説。エピソード満載でおくる「文系のための物理学入門」の決定版！　電P

《講談社学術文庫　既刊より》

自然科学

2663

村上陽一郎著

科学史・科学哲学入門

西欧近代が刻印された科学はその限界を迎えた。環境問題を前にわれわれはどのような未来を選択するのか？　私たちの思考を呪縛する科学を徹底解剖し、本質を問い直す。ＳＤＧｓのずっと先へ。

電 P

2682

吉田光邦著（解説・池内　了）

江戸の科学者

関孝和、貝原益軒、渋川春海、平賀源内……。著名な杉田玄白から砲術家の坂本天山まで代表的な科学者の伝記を通して、江戸に花開いた科学や技術の発展の軌跡を紹介する。二九人の科学者小伝付き！

電 P

2698

河合雅雄著（解説・山極壽一）

ニホンザルの生態

日本の霊長類学のパイオニアたちが独自に開発・発展させた方法論は、サル社会のダイナミックな構造と文化を生き生きと描き出す。サルの生態を通して人間性の起源に迫る、世界に比類なき霊長類研究の到達点。

電 P

2707

粂　和彦著

時間の分子生物学

時計と睡眠の遺伝子

人間、草木、細菌にまで共通する二十四時間のリズム＝生物時計。その驚異のメカニズムを解き明かし、「生物はなぜ眠るのか」という最大の謎に挑む！　時計とうまく付きあう方法まで、第一線の研究者が平易に解説。

電 P

2711

柳澤桂子著

リズムの生物学

我々はなぜ、行進に心躍らせ、太鼓の響きに陶酔するのか？　心臓の鼓動、脳波、痛みと快楽の刺激、眠り――。人体で繰り返されるリズム発生のメカニズムを、原子の世界から宇宙現象まで、雄大な視点で解き明かす！

電 P

2732

端山好和著

自然科学の歴史

物理学・化学・生物学・地学の四分野を見渡す視点を持ってこそ、科学の本当の意味がわかる。古代占星術から、アラビアの科学、ルネサンス、産業革命を経て、現代の原子力開発と遺伝子操作まで。科学と技術の人類史。

電 P

哲学・思想・心理

2326

ある神経病者の回想録

D・P・シュレーバー著／渡辺哲夫訳

フロイト、ラカン、カネッティ、ドゥルーズ&ガタリなど知の巨人たちに衝撃を与え、二〇世紀思想に不可逆の影響を与えた稀代の書物。壮絶な記録を明快な日本語で伝える、第一級の精神科医による渾身の全訳！

電 P

2343

史的唯幻論で読む世界史

岸田　秀著

古代ギリシアは黒人文明であり、栄光のアーリア人は存在しなかった――。白人中心主義の歴史観が今なお世界を覆っている欺瞞と危うさを鮮やかに剔抉、その思想がいかにして成立・発展したかを大胆に描き出す。

電 P

2362

カントの時間論

中島義道著

物体の運動を可能にする客観的時間が、自我のあり方を決める時間であることをいかに精確に記述することができるのか……。『純粋理性批判』全体に浸透している時間構成に関するカントの深い思索を読み解く。

電 P

2363

交易する人間《ホモ・コムニカンス》

贈与と交換の人間学

今村仁司著

ヒトはなぜ他者と交易するのか？　人間存在の根源をなす「負い目」と「贈与」の心性による相互行為が解体して市場と資本主義が成立したとき、なにが起きたのか。人間学に新地平を切り拓いた今村理論の精髄。

電 P

2364

現代思想の遭難者たち

いしいひさいち著

思想のエッセンスを直観的に汲み取り、笑いに変えてしまう「いしいワールド」のエネルギーに、哲学者たちも毀誉褒貶。これは現代思想の「脱構築」か？　それとも哲学に対する冒瀆か？　手塚治虫文化賞も受賞！

電

2368

ひとはなぜ戦争をするのか

A・アインシュタイン、S・フロイト／浅見昇吾訳（解説・養老孟司／斎藤　環）

アインシュタインがフロイトに問いかける。「ひとは戦争をなくせるのか？」。宇宙と心、二つの闇に理を見出した二人が、戦争と平和、そして人間の本性について真摯に語り合う。一九三二年、亡命前の往復書簡。

電 P

《講談社学術文庫　既刊より》

哲学・思想・心理

2507
技術とは何だろうか 三つの講演
マルティン・ハイデガー著／森 一郎編訳

第二次大戦後、一九五〇年代に行われたテクノロジーをめぐる講演のうち代表的な三篇「物」、「建てること、住むこと、考えること」、「技術とは何だろうか」を新訳で収録する。技術に翻弄される現代に必須の一冊。電P

2509
物質と記憶
アンリ・ベルクソン著／杉山直樹訳

フランスを代表する哲学者の主著――その新訳を第一級の研究者が満を持して送り出す。簡にして要を得た訳者解説を収録した文字どおりの「決定版」である本書は、ベルクソンを読む人の新たな出発点となる。電P

2517
意識と自己
アントニオ・ダマシオ著／田中三彦訳

意識が生まれるとはどういうことなのか。身体的変化・情動から感情がいかに作られ、その認識に意識はどう働くのか。ソマティック・マーカー仮説で知られる世界的脳神経学者が、意識の不思議の解明に挑む。電

2524
カントの「悪」論
中島義道著

カント倫理学に一貫する徹底した「誠実性の原理」。「幸福の原理」を従わせ、自己愛を追求する人間本性に対し「理性」が命ずる誠実性とは何か？ 普遍的な倫理学の確立を目指した深い洞察に触れる。電P

2529
語りかける身体 看護ケアの現象学
西村ユミ著（解説・鷲田清一）

「植物状態」は「意識障害」ではない――。実際に彼らと接する看護師や医師が目の当たりにする「患者の力」とは。自然科学がまだ記述できない、人と人との関わりのうちにある〈何か〉を掬い出す、臨床の哲学。電P

2539
老子 全訳注
池田知久訳注

無為自然、道、小国寡民……。わずか五四〇〇字に込められた、深遠なる宇宙論と政治哲学、倫理思想と養生思想は今なお示唆に富む。二〇〇〇年以上読みつがれる大古典の全訳注。根本経典を達意の訳文で楽しむ。電P